职业院校石油炼制专业“工作手册”式教材

炼油装置工艺实训操作手册

颉林 孟石 王建伍 主编

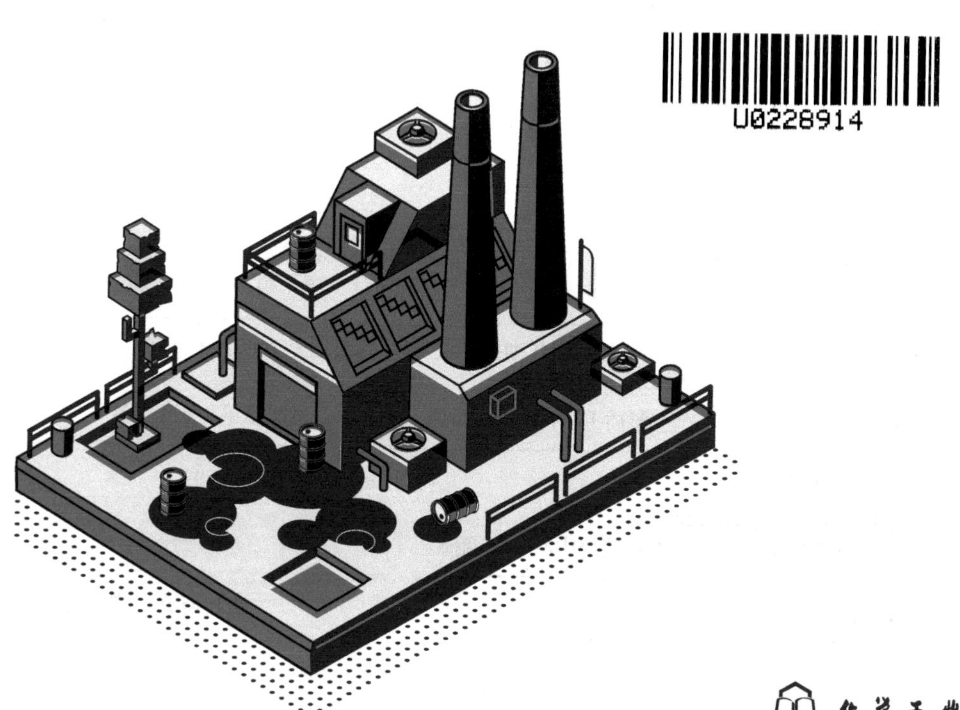

化学工业出版社
·北京·

内容简介

《炼油装置工艺实训操作手册》由7个情境共两部分组成：一是根据石油化工生产过程特点，结合生产实训装置实际，编写实训装置安全、环保操作规程（学习情境1和2）；二是原油常压蒸馏、催化裂化、柴油加氢、重油加氢、实沸点蒸馏等实训装置的生产原理、工艺过程、操作技能（学习情境3～7）。每个情境设置了适合不同生源的考核评价体系，注重过程考核。另外，拓展提升部分设置了双语学习、趣味知识等内容，拓宽学生的视野。同时借助二维码融入部分动画、视频资源，以展示实训操作的过程。数据记录表及考核评价所需的文件见工作手册资料包，可扫描二维码下载，也可登录化学工业出版社教学资源网免费下载。

本书可作为职业院校石油化工类专业实训课程的师生用书。

图书在版编目（CIP）数据

炼油装置工艺实训操作手册／颉林，孟石，王建伍主编．—北京：化学工业出版社，2021.9（2024.2重印）
职业院校石油炼制专业“工作手册”式教材
ISBN 978-7-122-39726-3

Ⅰ.①炼… Ⅱ.①颉… ②孟… ③王… Ⅲ.①石油炼制-化工设备-操作-高等职业教育-教材 Ⅳ.①TE96

中国版本图书馆CIP数据核字（2021）第165322号

责任编辑：王海燕　　文字编辑：崔婷婷　陈小滔
责任校对：边　涛　　装帧设计：李子姮

出版发行：化学工业出版社（北京市东城区青年湖南街13号　邮政编码100011）
印　　装：涿州市般润文化传播有限公司
787mm×1092mm　1/16　印张13¾　彩插1　字数306千字　2024年2月北京第1版第3次印刷

购书咨询：010-64518888　　售后服务：010-64518899
网　　址：http://www.cip.com.cn
凡购买本书，如有缺损质量问题，本社销售中心负责调换。

定　　价：48.00元

前言

教育部在《国家职业教育改革实施方案》中明确提出：建设一大批校企“双元”合作开发的国家规划教材，倡导使用新型活页式、工作手册式教材并配套开发信息化资源。并要求职教类教材每3年修订1次，专业教材随信息技术发展和产业升级情况及时动态更新。鼓励职业院校与行业企业探索“双主编制”，及时吸收行业发展新知识、新技术、新工艺、新方法，以此解决职业院校的教材建设与企业生产实际脱节、内容陈旧老化、更新不及时、教材选用不规范等问题。

《炼油装置工艺实训操作手册》是职业院校石油炼制和石油化工技术专业核心技能课程教材。教材是以契合石油加工生产实际为宗旨，并结合现代信息化技术，配套大量的信息化资源和实际生产中的典型案例为素材，以“企业岗位任职要求、职业标准、工作过程”为教材主体内容，通过校企合作，开发出的一本与炼油企业生产岗位联系紧密的“工作手册”式实训教材。同时将“以德树人、课程思政”有机融合到教材中，把育人与专业课程学习有机结合，加入工业文化和工业精神、典型作业的安全环保制度、技术延伸（如新技术、新工艺等）、双语学习（如典型工艺过程的中英文描述）等知识片段，丰富专业文化，逐步融入行业企业文化，培养石油和化工行业人文精神、职业素养。

本书由两部分组成。一是根据石油化工生产过程特点，结合生产性实训装置，编写实训装置安全环保操作规程（学习情境1和2）；二是原油常压蒸馏、催化裂化、柴油加氢、重油加氢、实沸点蒸馏等实训装置的生产原理、工艺过程、操作技能（学习情境3～7）。每个模块设置了适合不同生源的考核评价体系，注重过程考核，融入信息化评价手段。每个有需求的模块都设有“工作手册资料”包，内含数据记录表、实训报告模板等内容，读者可扫描二维码下载，也可登录我社教学资源网（http://www. cipedu. com. cn）免费下载。

本书由兰州石化职业技术大学颉林、孟石以及中海油气（泰州）石化有限公司王建伍主编。学习情境3、6、7由颉林编写，学习情境1、2由兰州汇丰石化有限公司张浩和兰州石化职业技术大学杨兴锴编写，学习情境4、5由王建伍和孟石编写。由颉林和孟石负责本书的统稿工作。兰州石化职业技术大学李薇教授、兰州汇丰石化有限公司张浩高级工程师、中石油兰州石化有限公司岳彦虎工程师和王利鹏工程师对本书进行了审阅，并提出了宝贵意见，在此表示衷心感谢。

由于编者能力有限，不足之处在所难免，恳请专家和读者批评指正。

编者

2021年2月

目录

目录

目录

学习情境 1

实训装置安全操作规程

学习目标

一、知识目标

（1）掌握化工生产的特点；
（2）了解危险化学品的储存安全规范；
（3）掌握危险源理论，特别是重大危险源；
（4）掌握危险化学品的特性；
（5）了解燃烧与爆炸的基本原理；
（6）掌握点火源的主要类型；
（7）掌握火灾爆炸危险物质的主要处理方法；
（8）掌握化工生产过程中主要工艺参数对安全生产的影响；
（9）掌握火灾爆炸事故常见防范措施，熟悉常用防火防爆装置；
（10）熟悉常用灭火设备设施；
（11）掌握典型设施的灭火方法与原理。

二、能力目标

（1）能对化工生产中的危险性与安全性进行分析预测；
（2）能对点火源现场进行管理与控制；
（3）能正确选择火灾爆炸危险物质的处理手段；

(4) 当主要工艺参数发生变化时，能分析对安全生产可能产生的不利影响；
(5) 能正确选择和使用防火防爆装置；
(6) 具备正确选择灭火措施的能力；
(7) 具备安全管理能力；
(8) 能处理现场常见事故。

实训任务

通过石油化工生产实训安全教育，懂得化工安全在化工生产中的重要性，熟悉并系统掌握石油化工生产中所涉及的各类安全知识与基本的安全技能，增强安全意识，养成良好的职业安全习惯，在安全知识、安全技能、工作态度、学习方法和社会能力等方面有所提升。为将来所从事的工作岗位发挥专业技能打下基础。

根据专业人才培养目标的要求，在各装置实训之前，应先学习该模块内容，并查阅相关资料，通过实训平台的安全考核测验，撰写的实验实训报告中体现化工安全相关内容。

项目设置

项目一　生产实训岗位安全技术规程

一、装置安全技术操作规程

老师和学生进入化工实训基地后必须佩戴合适的防护用品，无关人员不得进入化工实训基地。

1. 安全技术要求

进行实训之前必须了解室内总电源开关与分电源开关的位置，以便出现用电事故时及时切断电源；在启动仪表柜电源前，必须清楚每个开关的作用。

设备配有压力、温度等测量仪表，一旦出现异常及时关停相关设备，进行集中监视并做适当处理。

不能使用有缺陷的梯子，登梯前必须确保梯子支撑稳固，面向梯子上下并双手扶梯，一人登梯时要有同伴监护。

2. 动设备安全操作规程

（1）启动电机，通电前先用手转动一下电机的轴，通电后，立即查看电机是否转动，若不转动，应立即断电，否则电机很容易烧毁。

（2）确认工艺管线、工艺条件正常。

（3）启动电机后看其工艺参数是否正常。

（4）观察有无过大噪声，有无震动及松动的螺栓。

（5）电机运转时不可接触转动件。

3. 静设备安全操作规程

（1）操作及取样过程中注意防止烫伤及产生静电。

（2）设备在需清理或检修时应按安全作业规定进行。

（3）容器应严格按规定的装料系数装料。

4. 职业卫生

（1）噪声对人体的危害　噪声对人体的危害是多方面的，噪声不仅可以使人耳聋，引起高血压、心脏病、神经官能症等疾病，还污染环境，影响人们的正常生活，降低劳动生产率。

（2）工业企业噪声的卫生标准　工业企业生产车间和作业场所的工作点的噪声标准为85dB。现有工业企业经努力暂时达不到标准时，可适当放宽，但不能超过90 dB。

（3）噪声的防扩　噪声的防扩方法有很多，而且还在不断改进，主要有三个方面，即控制声源、控制噪声传播、加强个人防护。当然，降低噪声的根本途径是对声源采取隔声、减震和消除噪声的措施。

5. 行为规范

（1）严禁烟火、禁止吸烟。

（2）保持实训环境的整洁。

（3）禁止从高处乱扔杂物。

（4）禁止随意坐在灭火器箱、地板和教室外的凳子上。

（5）非紧急情况下不得随意使用消防器材（训练除外）。

（6）不得倚靠在实训装置上。

（7）在实训基地、教室里不得打骂和嬉闹。

（8）使用完的用具清洁后按规定放置整齐。

M1.1 燃烧的三要素

二、装置的消防知识

1. 消防基本知识

(1) 燃烧　指可燃物与氧或氧化剂作用发生的释放热量的化学反应，通常伴有火燃和发烟现象。

(2) 燃烧发生必备的条件　可燃物、助燃剂和着火源三个条件并且三个要素同时具备，去掉一个，火灾即可扑灭。

(3) 可燃物　凡是能与空气中的氧或氧化剂发生化学反应的物质统称为可燃物。按其物理状态可分为气体可燃物（如氢气、一氧化碳），液体可燃物（如乙醇、汽油、乙醚等）和固体可燃物（如木材、布料、塑料、纸板等）三类。

(4) 助燃剂　凡是能帮助和支持可燃物燃烧的物质统称为助燃剂（如空气、氧气、氯酸钾等）。

(5) 着火源　凡是能够引起可燃物与助燃剂发生燃烧反应的能量来源（常见的是热量）统称为着火源，如热能、化学能等。

M1.2 物理性爆炸

(6) 爆炸　是指在极其短的时间内有可燃物和爆炸物品发生化学反应而引发的瞬间燃烧，同时产生大量的热和气体，并以极大的压力向四周扩散的现象。

M1.3 化学性爆炸

(7) 危险化学品　凡是易燃易爆、有毒、有腐蚀性，在搬运、储存或使用过程中，在一定条件下能引起燃烧、爆炸，导致人身或财产损失的化学物品，统称为危险化学品。危险化学品分类　爆炸品、毒害品、腐蚀性物品、压缩气体和液化气体、易燃液体、易燃固体、自燃物品和遇湿易燃物品、氧化剂和有机过氧化物、放射性物品等。

2. 常见火灾

(1) 电器类火灾是怎么发生的?

① 电线年久失修;

② 电线绝缘层受损、芯线裸露;

③ 超负荷用电;

④ 短路。

(2) 液化气体火灾是怎样发生的?

气体在储存、搬运或使用过程中发生泄漏；遇到明火。

(3) 危险化学品火灾怎样发生的?

危险化学品储存、搬运、使用过程中发生泄漏遇到明火或受热、撞击、摩擦一些物品（如：氧化剂接触）。

(4) 生活用火引发的火灾是怎样产生的?

① 吸烟;

② 照明;

③ 驱蚊;

④ 小孩玩火;

⑤ 燃放烟花爆竹;

⑥ 使用易燃品。

3. 常见火灾的扑救方法

(1) 火灾扑救的基本方法

① 窒息减灭法：用湿棉被、沙、水等覆盖在燃烧物表面，使燃烧物缺少氧的助燃而熄灭，注意电器类、油料类火灾不能用水。

M1.4 水－窒息法

② 冷却减灭法：将水或灭火剂直接喷洒在燃烧物上面，使燃烧物的温度降低到燃点以下，从而终止燃烧。

③ 隔离减灭法：将燃烧物体邻近的可燃物隔离开，使燃烧停止。

M1.5 水－冷却法

④ 抑制法：将灭火剂喷在燃烧物体上，使灭火剂参与燃烧反应，达到抑制燃烧的目的。

(2) 火灾扑救的注意事项

① 为保证灭火人员的安全，发生火灾后，应首先切断电源。然后才可以使用水、泡沫等灭火剂灭火。

② 密闭条件好的小面积室内火灾，应先关闭门窗以阻止新鲜空气的进入，将相邻房间门紧闭并淋湿水，以阻止火势蔓延。

③ 对受到火势威胁的易燃易爆物品等，应做好防护措施，如关闭阀门、疏散到安全地带等，并及时撤离在场人员。

4. 常见火灾的预防

(1) 预防火灾的基本措施　要预防火灾就要消除燃烧的条件，其基本措施是:

① 管制可燃物。

② 隔绝助燃物。

③ 消除着火源。

④ 强化防火防灾的主观意识。

(2) 电器类火灾的预防:

① 严禁非电工人员安装、修理电器。

② 选择适宜的电线，保护好电线绝缘层，发现电线老化要及时更换。

③ 严禁超负荷运载。

④ 接头必须牢固、避免接触不良。

⑤ 禁止用铜丝代替保险丝。

⑥ 定期检查，加强监视。

(3) 化学品库火灾的预防:

① 化学品库的容器、管道要保持良好状态，严防跑、冒、滴、漏。

② 化学品库存放场所，严禁一切明火。

③ 分类储存，性质相抵触、灭火方法不一样的危险化学品绝对不可以混放。

④ 从严管理、互相监督。

⑤ 严禁烟火。

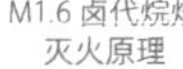

M1.6 卤代烷烃灭火原理

5. 灭火器的适用范围及使用方法

(1) 1211 灭火器　该灭火器内充装的是 1211 灭火剂和作为动力的氮气，主要有 MY1、MY2 和 MY4 型。

原理：卤代烷借在高温下分解产生的活性游离基参与物质燃烧过程中的活性反应，消除维持燃烧所必须的活性游离基 H^+ 和 OH^- 等，生成稳定的分子如 H_2O、CO_2 及活性较低的游离基从而使燃烧反应中链式反应的链传递中断而熄灭。

适用范围：用于扑救易燃液体、气体及带电设备的初起火灾，也能对固体物质的表面火灾进行扑救。尤其适用于扑救精密仪表、计算机、珍贵文物及贵重物资仓库等处的初起火灾，也可用于扑救飞机、汽车、轮船、宾馆等场所的初起火灾。

使用方法：将 1211 灭火器拿到起火地点，手提灭火器上部，拔出保险销，用力紧握压把，开启阀门，灭火剂即可喷出。灭火时，必须将喷嘴对准火源，左右扫射，并向前推进，将火扑灭。当手放松时，压把受弹力作用恢复原位，阀门封闭，停止喷射。

(2) 干粉灭火器　主要成分为碳酸盐和磷酸盐等组成的干粉剂，有手提式 MF8 (8kg) 和推车式 MF35 (35kg) 两种型号。

M1.7 干粉灭火原理

原理：干粉在二氧化碳或氮气的推动下，以雾状喷出，遇高温后发生反应。

适用范围：适用于扑救石油及其制品、可燃液体、气体、固体物质的初起火灾，还可扑救灾 50000V 以下带电设备火灾。该灭火器不适用于扑救精密仪器机械及仪表火灾。

使用方法：

① 手提式：使用手提式干粉灭火器时，将灭火器提到灭火地

点，上下颠倒几次，一只手握住喷嘴对准火源，另一只手扯去铅封，拔出保险销，用力紧握压把，开启阀门，干粉即可喷出。扑救地面油火时，要平射，左右摆动，由近及远，快速推进。

② 推车式：使用推车式干粉灭火器时，一手握住喷粉胶管，对准火源，另一只手逆时针方向旋动气瓶手轮，待压力达到 0.98MPa 时，打开灭火器开关，干粉即可喷出。

(3) 二氧化碳灭火器　该灭火器钢瓶内盛装的是压缩的液体二氧化碳，按开关方式有手轮式、鸭嘴式两种。

原理：液态二氧化碳从钢瓶中喷出立即汽化，吸收大量汽化热（138kcal/kg，1kcal=4.186kJ），干冰的温度为 −78.5℃，能冷却燃烧物，二氧化碳气体能稀释空气中的含氧量，当空气中的二氧化碳浓度达 29.2%时能使燃烧因缺氧而熄灭。

适用范围：由于二氧化碳灭火剂具有灭火不留痕迹，并有一定的绝缘性能等特点，因此更适用于扑救 600V 以下的带电电器、贵重设备、图书资料、仪器仪表等场所的初起火灾以及一般可燃液体的火灾。

使用方法：先将灭火器提到起火地点，然后将喷嘴对准火源，若是鸭嘴式灭火器，右手拔去保险销，紧握喇叭柄，左手将上面的鸭嘴向下压，二氧化碳就会从喷嘴喷出。而手轮式灭火器，将开关向逆时针方向旋转，即可喷出二氧化碳。

三、危险化学品的特性

1. 汽油

(1) 特性　无色至淡黄色的易流动液体，熔点：小于 −60℃，沸点：40 ～ 200℃，自燃温度：280℃，闪点：−43℃，爆炸极限：1.4% ～ 7.6%，易燃、不溶于水。易溶于苯、二硫化碳、醇，可溶于脂肪。

(2) 危害性　其蒸气与空气混合能形成爆炸性混合物，遇明火、高温易燃、易爆炸，于较低处扩散，遇火源回燃，容器遇高温内压增大，有开裂爆炸危险，对人有麻醉力，吸入后可引起中枢神经系统功能障碍，轻度中毒可致头痛、头晕、短暂意识障碍、四肢无力、恶心、呕吐等，重度中毒可致中毒性脑瘫、脑水肿等，直接吸入可致吸入性肺炎。

(3) 急救措施　皮肤接触时，用肥皂和大量清水清洗；眼睛接触时，立即翻开眼皮用流动清水冲洗至少 15min，用 2%碳酸氢钠洗眼，并敷硼酸眼膏；吸入时搬离现场，脱去污衣至空气新鲜处，就医，误服者饮适量水，催吐就医。

(4) 泄漏应急处理　应疏散泄漏区人员至安全区，禁止无关人员进入，切断火源。处理人员佩戴自给式呼吸器，穿消防防护服，在确保安全情况下堵漏。喷雾状水减少蒸发，用活性炭或其他惰性材料吸收，然后收集于干燥、洁净有盖的容器中。灭火剂：二氧化碳、泡沫、干粉、砂土，用水灭火无效。

2. 柴油

(1) 特性　稍有黏性的棕色液体，主要成分：烷烃、芳烃、烯烃等。熔点：−18℃，沸点：282～338℃。

(2) 危害性　遇明火、高温或与氧化剂接触能引起燃烧爆炸。容器若遇高温，内压力增大，有开裂和爆炸危险。禁止接触强氧化剂、卤素。皮肤接触可引起接触性皮炎、油性痤疮，吸入可引起吸入性肺炎，废气可引起眼、鼻刺激症状，头晕及头痛。

(3) 急救措施　皮肤接触时用肥皂和大量清水清洗，眼睛接触时，立即翻开上下眼皮用流动清水冲洗至15min就医，吸入时脱离现场到空气新鲜处就医，误服者饮适量水，催吐就医。

(4) 泄漏应急处理　应疏散人员至安全区，禁止无关人员进入，切断火源。处理人员佩戴自给式呼吸器，穿消防防护服，在确保安全情况下堵漏。喷雾状水减少蒸发，用活性炭或其他惰性材料吸收，然后收集于干燥洁净的容器中。灭火剂：二氧化碳、泡沫、干粉、砂土。

3. 液化石油气

(1) 特性　无色气体或黄棕色油状液体，有特殊臭味，主要成分：丙烷、丙烯、丁烷、丁烯等。闪点：-74℃，引燃温度：426～537℃，爆炸极限：1.5%～9.5%（体积分数）。

(2) 危害性　易燃，具有麻醉性，对环境有危害，对人体、土壤和大气可造成污染。急性中毒有头痛、头晕、兴奋或嗜睡、恶心、脉缓等症状，重症者会突然倒下，小便失禁、意识丧失、甚至呼吸停止。液化石油气可致皮肤冻伤，长期接触会出现头痛、头晕、睡眠不佳、易疲劳、情绪不稳以及植物神经功能紊乱等，与空气混合能形成爆炸性混合物，遇热源和明火有爆炸危险。与氟、氯等接触会发生剧烈的化学反应，蒸气比空气重，在较低处扩散，遇火源回燃。

(3) 急救措施　若有冻伤应就医治疗，吸入时迅速脱离现场至空气新鲜处，注意保暖，保持呼吸道畅通，呼吸困难时输氧就医。

(4) 泄漏应急处理　切断气源，若不能切断气源，则不允许熄灭泄漏处的火焰。喷水冷却容器，可能的话将容器移至空旷处。迅速撤离人员至上风处，并进行隔离，严格限制出入，切断火源。处理人员戴自给式正压呼吸器，穿防静电工作服，不要直接接触泄漏物，尽可能切断泄漏源，用防火石棉被或吸收剂盖住漏点附近的下水道等地方，防止气体进入。合理通风，加速扩散，喷雾状水稀释，灭火剂：雾状水、泡沫、二氧化碳。

4. 原油

(1) 特性　红色、红棕色或黑色伴有绿色荧光的稠厚油状液体，不溶于水，溶于多数有机溶剂，沸点：120～200℃，闪点：小于-18℃，爆炸极限：1.1%～8.7%(体积分数)，自燃温度：350℃。

(2) 危害性　其蒸气与空气形成爆炸性混合物，遇明火、高温能引起燃烧爆炸，与氧化剂能发生剧烈反应。若遇高温、容器内压增大，有开裂爆炸的危险，禁止与强氧化剂接触，原油蒸气可引起眼及上呼吸道刺激症状，如浓度过高，几分钟就可引起呼吸困难等缺氧症状。

(3) 急救措施 皮肤接触时要用肥皂和大量清水清洗；眼睛接触时，立即翻开上下眼皮，用流动清水冲洗就医；吸入时迅速脱离现场至空气新鲜处，就医；误服者充分漱口、饮水就医。

(4) 泄漏应急处理 疏散人员至安全处，禁止无关人员进入，切断火源。处理人员佩戴自给式呼吸器，穿防护服，在确保安全情况下堵漏。喷雾状水减少蒸发，用砂土或其他惰性材料吸收，然后收集于干燥洁净的容器中。灭火剂：干粉、泡沫、二氧化碳、砂土。

5. 氢气

(1) 特性 常温常压下，氢气是一种极易燃烧、无色透明、无臭无味且难溶于水的气体。爆炸极限：4.0%～75.6%（体积分数）。

(2) 危害性 氢气虽无毒，在生理上对人体是无害的，但若空气中氢气含量过高，将引起缺氧性窒息。与所有低温液体一样，直接接触液氢将引起冻伤。液氢外溢并突然大面积蒸发还会造成环境缺氧，并有可能和空气一起形成爆炸混合物，遇热或明火引发燃烧爆炸事故。

(3) 急救措施 灭火方法：切断气源。若不能立即切断气源，则不允许熄灭正在燃烧的气体。喷水冷却容器，可能的话将容器从火场移至空旷处。灭火剂：雾状水、泡沫、二氧化碳、干粉。

(4) 泄漏应急处理 迅速撤离泄漏污染区人员至上风处，并进行隔离，严格限制出入。切断火源。建议应急处理人员戴自给正压式呼吸器，穿消防防护服。尽可能切断泄漏源。合理通风，加速扩散。如有可能，将漏出气用排风机送至空旷地方或装设适当喷头烧掉。漏气容器要妥善处理，修复、检验后再用。

项目二 化工实训室安全管理措施

一、化学试剂管理制度

为了保障实训基地公共安全和师生的身体健康，维护良好的教学秩序，根据国务院《危险化学品安全管理条例》的规定，制定下列化学品安全管理规定。

1. 采购制度

凡有毒、有腐蚀性化学品的申购、领用均须逐项填写《有毒、有腐蚀性化学品购买申请书》及《有毒、有腐蚀性化学品实训领用单》，经院长、副院长、教研室负责人审批同意后方可申购及领取；凡有毒、有腐蚀性化学品的外调、外借均须专题报告，经上述有关领导审核批准后方可进行。

2. 保管制度

有毒、有腐蚀性化学品应储存在学院指定的危险品专用柜内，按不同要求分类储存；实行双人收发、双人保管制度，物品出入库建立核查登记制度。

3. 发放与回收制度

具体使用药品的实训室要有使用记录，领取登记，回收记录，交接有手续，使用损耗有记载，专项使用，结余交回，严格控制。

4. 使用制度

凡学生实训使用，必须由实训室专职人员负责领用、保管、分发。学生实训用量一般不得超过当天使用所需量。学生实训操作时，指导教师要亲临现场指导，并对整个实训过程中的安全事项切实负起责任，同时做好每天使用情况的记录。对于当天未用完的有毒、有腐蚀性化学品应安排两人同时护送交回学院危险品专用柜内暂存。

5. 废物处理制度

实训完毕，未经处理的残渣、废液不得任意倒入水槽污染环境。使用情况要详细记录、以便存查。含有毒、有腐蚀性化学品的废液、残渣应集中统一存放，报请资产管理有关部门回收处理。

二、实训室突发事件应急预案

1. 化学药品中毒事故的应急预案

立即进行现场救护，及时将中毒者送医务室检查，医务室无法处理时，立即送往医院。并将事故及时报告分院责任人，详细写清事故报告，如实上报领导。

2. 有毒、有腐蚀性化学品发生事故应急预案

发生有毒、有腐蚀性危险化学品事故时，采取必要措施，减少事故损失，防止事故蔓延、扩大。具体措施：

(1) 立即组织营救受害人员，组织撤离或者采取其他措施保护危害区域内的其他人员。

(2) 针对事故对人体、水源、空气造成的现实危害和可能产生的危害，迅速采取封闭、隔离、清洗等措施。

(3) 迅速控制危害源，并对危险化学品造成的危害进行检验、监测，测定事故的危害区域、危险化学品性质及危害程度。

(4) 对危险化学品事故造成的危害进行监测、处置，直至符合国家环境保护标准。

3. 防火工作应急预案

由分院紧急事故领导小组落实防火具体工作，检查配备防火器材，请消防人员对师生进行消防知识培训及演习。突发事故处理小组成员需掌握灭火的方法，学会消防器材的使用。实训室发生火灾时能及时抢救，使火灾消灭在萌芽状态。如不能及时扑灭，要及时通知周围的师生共同救火。自行扑救不了的迅速拨打 119，并派专人等候。

4. 人员紧急疏散、撤离

事故领导小组应依据可能发生危险化学品事故场所、设施及周围情况，及时确定事故现场人员的撤离方式、方法，立即指挥人员紧急疏散，事故现场采取必要的隔离方法，对事故现场周边区域进行道路隔离或交通疏导。

5. 突发事件报告制度

接到突发公共事故报告后，分院紧急事故领导小组和处理小组应立即采取紧急措施，迅速到现场指挥和确定解救方案，防止事故的蔓延和扩大。与此同时，立即报告校级相关领导，并对事故的原因进行分析，预防类似事故的再次发生。

拓展提升

化工安全教育

安全，是企业员工对工作生活的最基本要求，是各行各业的基础保障，更是化工厂生产永恒而重要的议题。从个人、企业到政策法规，安全第一毋庸置疑，也是时代进步的体现。

全国各地化工企业发生过不少“爆炸泄漏事故”。例如天津港事件，江西电厂坍塌事件等。有许多人在爆炸事故中离开了这个世界，逝者的离去带给人们无尽的悲伤，事故对个人和家庭都是一场无法弥补的灾难。安全教育培训是安全工作的重点内容之一，是为安全工作提供思想、智力和能力保证的基础性、经常性工作。我国化工行业安全生产事故多发，有其特定的主观、客观原因，化工企业安全管理有助于化工厂稳定生产，有助于化工企业加强安全管理，减少事故的损失，提高经济效益，推进现代化管理，有助于政府主管部门进一步掌握化工企业安全管理的发展趋势，为制定宏观政策提供决策依据。常见的安全问题及原因甚多，其中人为因素是造成事故的重要原因，例如，人的不安全行为、安全管理制度执行不到位、生产工艺资料滞后和生产设备设施陈旧等。由此可见好的安全教育尤为重要，要强化安全生产的管理工作，要牢固树立“安全第一、预防为主”的思想，这是安全生产的工作方针，也是长期安全生产工作的经验总结，对于化工安全生产具有重要意义，必须不折不扣地贯彻执行。正如好的教育可以使国家富强，人民和谐，社会发展稳定，好的安全教育可以有效防止化工生产事故。

思政元素

工匠精神

工匠精神是一种职业精神，它是职业道德、职业能力、职业品质的体现，是从业者的一种职业价值取向和行为表现，是工匠对自己生产的产品精雕细琢、精益求精，追求完美和极致的精神理念。工匠精神的基本内涵包括敬业、精益、专注、勤业等方面的内容。敬业是从业者基于对职业的敬畏和热爱而产生的一种全身心投入的认认真真、尽职尽责的职业精神状态；精益就是精益求精，是从业者对每件产品、每道工序都凝神聚力、精益求精、追求极致的职业品质；专注就是内心笃定而着眼于细节的耐心、执着、坚持的精神；勤业即积极、勤奋、坚守、永不懈怠地从事自己的职业，表现出对工作的执着、对产品的负责。

参考文献

[1] 李五一 . 高等学校实验室安全概论 [M]. 杭州：浙江摄影出版社 ,2006.
[2] 冯建跃 . 高校化学类实验室安全与防护 [M]. 杭州：浙江大学出版社 ,2012.

学习情境 2

实训装置环保操作规程

学习目标

（1）认识环境保护的社会意义与企业经济意义；
（2）了解当前世界的环境问题及其对人类的危害；
（3）了解相应的环境保护法律、法规、政策与制度；
（4）掌握一定的环保知识；
（5）熟悉“三废”处理方法；
（6）树立清洁生产与环境保护理念及可持续发展理念；
（7）能完成所在岗位介质的排空、置换操作；
（8）能积极防范突发性污染事故发生，并能作出应急处理；
（9）树立较强的环保意识；
（10）具有高度的环境忧患意识和环境保护责任以及正确的环境伦理道德观；
（11）能初步评估环境质量和在本专业范围内处理和解决环境问题。

实训任务

通过石油化工生产实训环境保护教育让学生懂得环境保护的重要性，了解我国环境保护的法律、法规、政策与制度，了解化工生产和实训室实训“三废”处理办法，能初步评估环境质量和在本专业范围内处理和解决环境问题，树立自身环境保护意识，能预防和解决常见环境污染问题。

根据专业人才培养目标的要求，在各装置实训之前，应先学习该模块内容，并查阅相关资料，撰写的实验实训总结报告中应体现环境保护相关内容。

项目设置

项目一　化工生产环境保护简介

环境保护是企业可持续发展的必经之路，是改善现状造福未来的利己利民的一项重要工作。随着人类的进步，生活、工业等污染日益加剧。贫乏的自然资源与资源占用和浪费的矛盾日益突出。资源的使用、节约、循环再利用是我们目前工作的当务之急。针对化工生产日益造成污染的特点，国家颁布了《化学工业环境保护管理规定》《化学工业建设项目环境保护管理若干规定》《化学工业资源综合利用实施细则》《化学工业环境监测工作规定》《化工建设项目环境保护实施竣工验收办法》《清洁文明工厂管理工作实施细则》等十几项化工环保法律法规，从宏观上指导行业、企业最有效控制新污染和最经济治理老污染。

现代化工工业的发展，一方面给人类带来了大量的财富和舒适的生活环境，另一方面在消耗大量资源的同时，产生了严重的环境污染，使之长期处于高能耗、高污染、高破坏的境地。近年来，环境保护，清洁生产和安全问题困扰全球，受到更多关注。以保护人类健康和安全为目的，以节约能源和环境保护为目标，实施可持续发展战略，已经成为全球环境发展的潮流。

石油化工实验实训室是进行生产性实训、产品研发及技术改进的重要场所。在实验实训过程中，经常会使用或产生很多易燃、易爆、有毒或有腐蚀性的物质，这些物质会对实验实训人员的健康产生潜在的威胁，如果这些物质随意排放到外部环境中，会造成更严重的恶劣影响。

项目二　装置的环保管理规定

一、正常生产实训中的环保规定

（1）实训基地应设有兼职环保员，负责基地的环保工作，定期检查环保制度的执行情况，加强对各装置排污的监测及收集、整理有关数据，建立台账。

（2）加强对污染源的检查、管理。

(3) 加强工艺操作，严格遵守工艺纪律，杜绝“跑、冒、滴、漏”和污染事故发生。
(4) 加强设备维护管理，提高设备完好率，降低密封点泄漏率。
(5) 严格执行学校环境保护的规章制度，并组织学生学习。

二、装置开车的环保规定

(1) 加强检查制，防止发生跑油、冒油等污染事故。
(2) 检查排污系统，确保开工排污畅通。
(3) 严格控制升温速度及恒温时间，防止油气夹带污染环境。
(4) 含硫污水和含油污水不能随意排放。

三、装置停车的环保规定

(1) 停车方案中要有环保内容，严禁随意排放“三废”。
(2) 停车过程中，装置的含油污水不能随意排放。
(3) 塔、容器、换热器内的残油要退净。
(4) 装置清洗过程中，不得随地排油。

四、其他环保规定

(1) 要加强环保教育，提高环保意识，把环境保护融入到生产实训的各个环节中。
(2) 加强设备管理，杜绝“跑、冒、滴、漏”和乱排乱放。
(3) 一旦发生污染事故，立即向教研室、分院负责人汇报，并积极采取有效措施，把污染降到最低限度。
(4) 设备管线中清出的污油、固废等必须集中堆放，统一处理。
(5) 做好本装置环防检查工作，保障控制合格率达到100%。

项目三　环保事故处理应急预案

为积极防范和应对突发性污染事故发生，迅速、高效、有序地开展污染事故地应急处理工作，最大限度地避免和控制污染的扩大，确定潜在事故、事件或紧急情况，作出应急处理。

一、泄漏的处理原则

(1) 任何部位发生化学品或废气泄漏，岗位工作人员都应以积极的态度采取措施处理，关阀、停泵、堵塞或停产等措施，决不允许置之不理，将事态扩大。

(2) 能回收的必须组织学生或组员回收，不允许直接用水冲刷，增加污染程度和废水处理难度。

(3) 造成威胁操作人员生命的化学品或废气泄漏，应快速组织人员冲刷，不易用水的化学品泄漏，采取其他的有效的处理措施，组织人员疏散，防止造成人员中毒事件的发生。

(4) 岗位上发生轻微泄漏由指导教师、班组长组织人员处理，发生较大的泄漏，处理的同时必须报告教研室和分院负责人，不允许私自处理，隐瞒事故真相。

(5) 分院应急指挥部立即组织相关人员采取相应有效应急措施进行处理。

二、泄漏的处理措施

(1) 平时将罐盖、桶盖旋紧，容器口盖严、各个阀门关闭严实，各种盛装液体的容器一律不允许敞开口在大气中自然挥发排放，特别是盛夏时节。

(2) 平时在各个装置发现的小泄漏，由指导教师或教研室负责人快速组织人员处理，将危险消灭在萌芽状态。

(3) 在处理泄漏事故中，操作人员应佩戴防护用具，以防止对操作人员造成中毒等伤害事故;

(4) 学生在岗位上发现泄漏险情，本人处理不了的，应快速向指导教师报告情况，有关负责人组织人员积极处理。

(5) 确定不能回收的、需要用水冲刷的，务必执行相关标准，实施正确冲刷，禁止盲目用水，防止将事态扩大。

三、泄漏处理的要求

(1) 各装置实训期间，每一名教师和学生对待化学品泄漏处理的态度都应该积极，不准回避事实，不准临阵脱逃。

(2) 在处理化学品泄漏的过程中，应该服从命令、听从指挥，发扬“关爱生命、珍惜健康”的风格。

(3) 采用正确方法、不盲目独自行动，将无关人员都撤到安全地带，并在周围设置隔离区，不允许无关人员进入现场。

四、组织指挥机构

为保证预案正常进行，处理化学品泄漏应常设组织机构，由分院院长负责。成员由生产实训基地负责人、教研室主任、有关领导组成。重大的泄漏事故应向学校领导报告。

项目四　生产车间“三废”处理操作规程

为了确保环保工作正常开展，搞好清洁生产实训、节能降耗、严格控制并减少各岗位“三废”排放、减少污染、节约处理费用，特对相关“三废”排放行为作如下规定。

（1）各装置在动火作业时，如需要冲水但又会对环境产生不利影响的时候，则应提前跟相关专业人员取得联系，商量解决办法。

（2）各装置用水要自觉控制，在不影响生产实训的情况下，自来水用量应尽量减少。

（3）对少量跑、冒、滴、漏和洒落物料，做到先清扫，后用拖把擦净，使地面不留痕迹，严禁用水冲洗排入下水道。

（4）对特殊情况必须用溶剂擦洗的，可用擦布擦净，溶剂收集后进行回收处理。

（5）严格控制气体的无组织排放，对所有桶、罐、釜等使用后必须做好加盖密封措施。

（6）对生产实训中产生的固体废弃物和液体废弃物必须按《废固处理操作规程》《废液处理操作规程》执行。

（7）对机械维修产生的污油，不得乱排乱放，必须先收集存放后统一处理，洒漏在地面的油污于完工后必须及时吸附清扫，统一处理。

（8）分院值班人员负责实训期间监督巡查，如检查管理不力，经查实按有关规定处理。

拓展提升

化工环境保护

化工环境保护是指减少和消除化工生产中的废水、废气和废渣（简称“三废”）对周围环境的污染和对生态平衡及人体健康的影响，防治污染，改善环境，化害为利等工作。

化工生产中排出的废水、废气、废渣中的污染物及排放量，因品种、所用原料、生产工艺、规模以及管理程度而异。

化工废水

化工生产对环境造成的污染以水污染最为突出。含有氰、酚、砷、汞、镉和铅等有毒物质生化需氧量（BOD）和化学耗氧量（COD）高，pH值不稳定，排入水中后会大量消耗水中的溶解氧，导致水域缺氧。废水中有毒物质直接对鱼类、贝类和水生植物造成毒害，有毒重金属还会在生物体内长期积累造成中毒；含氮、磷较高的化肥生产废水排入水中后，引起水域氮、磷含量增加，使藻类等水生植物大量繁殖，出现水域富营养化，造成鱼类窒息而大批死亡。

化工废气

化工废气包括工厂排出的硫氧化物、氮氧化物、氟化氢、氯气等废气，这些废气都对植物有害。二氧化硫可直接危害植物的芽、叶、花，轻者减产，重者枯死；氟化物不仅使牲畜受害，而且使作物生理代谢受到抑制，牧业、农业均受损失；石油化工厂和氮肥厂排出的烃废气和氮氧化物，在阳光照射下会发生化学反应，生成臭氧和过氧化乙酰硝酸酯等，造成光化学烟雾污染。

化工废渣

其危害性以铬渣为代表。六价铬是一种致癌物质。铬渣中的水溶性六价铬随地面水流出厂外或渗入地下水中，严重污染周围环境及水源，成为铬盐生产中的突出矛盾。

思政元素

诚信精神

诚信是一个道德范畴，是公民的第二个“身份证”，是日常行为的诚实和正式交流的信用的合称，即待人处事真诚、老实、讲信誉，言必行、行必果，一言九鼎，一诺千金。

诚信是中华民族传统美德，是华夏民族最崇尚的品质，已传承数千年。诚信典故比比皆是。

诚信精神的内涵和范围随时代的变化而不断扩充和泛化，它不仅是一种道德要求和法律规范，更演进成了一种经济模式，即以诚信为基础的信用经济。

在经济市场化、法治化、全球化的新时代，现代社会离不开诚信精神，它既包括经济主体与其他主体的诚信，也包括经济主体内部各组成部分的诚信。

参考文献

[1] 孙玲玲 . 高校实验室安全与环境管理导论 [M]. 杭州：浙江大学出版社 , 2013.
[2] 敖天其 , 廖林川 . 实验室安全与环境保护 [M]. 成都：四川大学出版社 , 2015.

学习情境 3 常压蒸馏装置实训

学习目标

一、能力目标

(1) 能讲述常压蒸馏装置的工艺流程;
(2) 能识图和绘制工艺流程图，识别常见设备的图形标识;
(3) 会进行计算机 DCS 控制系统的台面操作;
(4) 会进行蒸馏装置开车操作和停车操作;
(5) 会监控装置正常运行时的工艺参数;
(6) 通过 DCS 操作界面和现场异常现象，能及时判断异常工况;
(7) 会分析发生异常工况的原因，并对异常工况进行处理。

二、知识目标

(1) 了解原料蒸馏生产过程的作用和地位、发展趋势及新技术;
(2) 熟悉本蒸馏装置生产过程与原料蒸馏生产过程的异同点，以及原料特点;
(3) 掌握常压蒸馏原理和特点;
(4) 熟悉装置的生产工序和设备的标识;
(5) 了解常压蒸馏装置工艺流程和操作影响因素;
(6) 掌握蒸馏装置开车操作、停车操作的方法，以及考核评价标准;
(7) 掌握一定量的专业英语词汇和常用术语;

（8）了解生产时的公用工程，以及环保和安全生产常识。

三、素质目标

（1）具有吃苦耐劳、爱岗敬业、严谨细致的职业素养；

（2）服从管理、乐于奉献、有责任心，有较强的团队精神；

（3）能独立使用各种媒介完成学习任务，具有自理、自立和自主学习以及解决问题的能力；

（4）能反思、改进工作过程，能运用专业词汇与同学、老师讨论工作过程中的各种问题；

（5）能内外操通畅配合，具有较强的沟通能力和语言表达能力；

（6）具有自我评价和评价他人的能力；

（7）具有创业意识和创新精神，初步具备创新能力。

实训任务

通过常压蒸馏装置内外操协作，懂得蒸馏装置的生产流程与原理，掌握装置的DCS操作并对异常工况进行分析和处理。本项目所针对的工作内容主要是对常压蒸馏装置的操作与控制，具体包括：二塔蒸馏装置工艺流程、工艺参数的调节、开车和停车操作、事故处理等环节，培养分析和解决石油化工生产中常见实际问题的能力。

以4～6位学生为小组，根据任务要求，查阅相关资料，制订并讲解工作计划，完成装置操作，分析和处理操作过程中遇到的异常情况，撰写生产实训总结报告。

项目设置

项目一　常压蒸馏装置工艺技术规程

任务1　认识常压蒸馏装置

一、装置特点

本套常压蒸馏装置是全国职业院校石油化工技能大赛用装置，是考查学生操作技能的实体仿真装置。该装置模拟炼油厂中的原料蒸馏分离生产过程，以廉价易得、毒性小、安全性高的多元醇类为原料，设置有初馏塔和多侧线常压蒸馏塔两个分离单元，为了降低塔内气相负荷、平衡热量分布，多侧线常压蒸馏塔设置一个中段回流。装置采用 DCS 集散控制系统，可以实现装置开车、参数调优、质量调整、事故处理、正常停车等实际生产过程中可能发生的各种工况的仿真操作。为提高装置运行的安全性，塔器设置安全阀，容器设置气相紧急放空线，装置设置可燃气体报警器。

二、装置组成

本装置主要有以下几部分组成：罐区（包括原料罐和产品罐）、泵区（各管线物料流动采用的齿轮泵）、塔区（初馏塔、常压塔、塔顶产品罐）、炉区（初馏塔加热炉、常压塔加热炉、常压塔底再沸器）、换热区（各工艺所需的换热器）、水电系统及装置 DCS 操作平台。

三、原料来源

本装置采用了不同沸点（不同相对挥发度）的 5 种醇类的混合物，可根据轻质原料、中质原料和重质原料的特点，调配 5 种醇类的比例。原料的物化性质见表 3.1。

表 3.1　原料的物化性质

化学名称	别名	分子式	相对密度（20℃）	沸点/℃	闪点（闭口）/℃	火灾危险性	爆炸极限体积比/%	毒性
乙醇	酒精	CH_3CH_2OH	0.7895	78.4	13	易燃	3.3 ～ 19	微毒
正丁醇	酪醇	$CH_3(CH_2)_3OH$	0.8098	117.2	35	易燃	1.45 ～ 12.25	低毒
环己醇	六氢苯酚	$C_6H_{12}O$	0.9624	161.8	67	可燃	1.52 ～ 11.10	中毒
正辛醇	1- 辛醇	$C_8H_{18}O$	0.8300	196.0	81	高温可燃	0.9 ～ 9. 7	低毒
丙三醇	甘油	$C_3H_8O_3$	1.2636	290.0	177	高温可燃		低毒

四、主要产品

初馏塔顶产品为乙醇，常压塔顶产品为正丁醇，常压塔侧一线产品为环己醇，常压塔侧二线产品为正辛醇，常压塔底产品为丙三醇。

任务 2　熟悉常压蒸馏的工艺原理及过程

一、工艺原理

本装置是根据原料中各组分的沸点（相对挥发度）不同，采用加热的方法从原料中分离出沸点不同的各种馏分。蒸馏塔一般也称精馏塔。

1. 精馏原理

M3.1 精馏塔工作原理

精馏是多次而且同时运用部分汽化和部分冷凝的方法，使混合液得到较完全分离，以分别获得接近纯组分的操作。

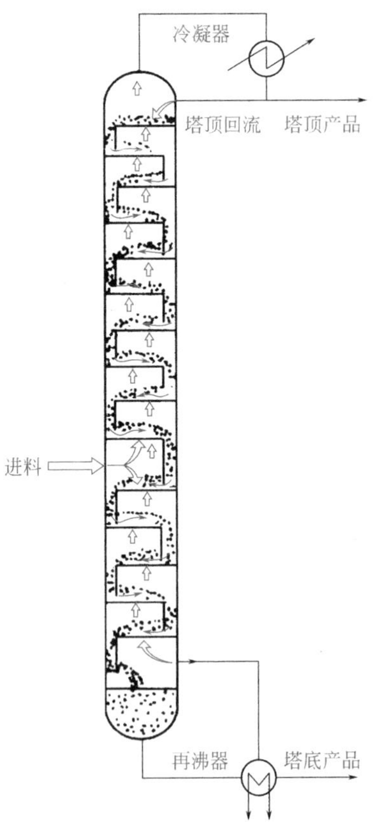

图 3.1　精馏塔

理论上多次部分汽化在液相中可获得高纯度的难挥发组分，多次部分冷凝在气相中可获得高纯度的易挥发组分，但因产生中间组分而使产品量极少，且设备庞大。工业生产中的精馏过程是在精馏塔中将部分汽化过程和部分冷凝过程有机结合而实现的操作。

2. 精馏装置流程

典型的精馏装置塔设备有两种，即板式塔和填料塔，但常采用的是板式塔。

连续精馏操作设备是连续精馏装置，包括精馏塔、冷凝器、再沸器等，如图 3.1 所示。精馏时，原料液连续送入精馏塔内，同时从塔顶和塔底连续得到产品（馏出液、釜残液），所以是一种稳态操作过程。

3. 精馏装置的作用

精馏塔以加料板为界分为两段，即精馏段和提馏段。

(1) 精馏段的作用　加料板以上的塔段为精馏段，其作用是逐板增浓上升气相中易挥发的组分。

(2) 提馏段的作用　包括加料板在内的以下塔板为提馏段，其作用是逐板提取下降液相中易挥发的组分。

(3) 塔板的作用　塔板是供气液两相进行传质和传热的场所。每一块塔板上气液两相进行双向传质，只要有足够的塔板数，就可以将混合液分离成两个较纯净的组分。

(4) 再沸器的作用　提供一定流量的上升蒸气流。

(5) 冷凝器的作用　提供塔顶液相产品并保证有适当的液相回流。

(6) 回流作用　提供塔板上的液相回流，使气液充分接触，达到传热、传质的目的；取走进塔多余热量，维持全塔热平衡，以控制、调节产品质量。

精馏是一种利用回流使混合液得到高纯度分离的蒸馏方法。

二、工艺流程说明

常压蒸馏装置设计为顺序分离流程，模拟石油化工生产中常减压蒸馏装置的常压蒸馏工段。

如图 3.2 所示，原料自原料罐区经原料泵（P101）送至装置内后进入原料 - 常二换热器（E102）、原料 - 常底换热器（E101）进行换热，经加热到 130℃后，进入初馏塔（T101）进行预分馏。

初馏塔塔顶（初顶）油气经初顶回流水冷器 (AE101) 冷却到露点温度（80℃）后进入初顶回流罐（V102），由初顶回流泵（P102）抽出一部分作为初顶回流，一部分经后冷器（E201）（初顶、常顶、常二线共用一台后冷器）后送入产品罐 (V202)。

初底油由初馏塔底泵（P103）抽出送至常压炉（F201）加热后进入常压塔（T201）进料段（第四段填料上方）。

常压塔（T201）顶油气经常顶回流水冷器 (AE201) 冷却到 90℃后进入常顶回流罐 (V201)，由常顶回流泵（P201）抽出一部分作为常顶回流，一部分经后冷器（E201）（初顶、常顶、常二共用一台后冷器）后送入产品罐（V202）。

常压塔（T201）设二条侧线，一个中段回流，常压塔底设再沸器。

常一线由常一抽出泵（P204）从常压塔（T201）第一段填料下方抽出，经水冷器（E202）进入产品罐（V202）。

常一中回流用常一中泵（P202）自常压塔（T201）第二段填料下方抽出，经中段回流水冷器（E203）冷却（温降 10℃）后返回常压塔（T201）第二段填料上方。

常二线由常二抽出泵（P205）从常压塔（T201）第三段填料下方抽出，经原料 - 常二换热器（E101）、后冷器（E202）自流进入产品罐（V202）。

常底油经常压塔底泵（P203）抽出，经原料 - 常底换热器（E101）、常底水冷器（E204）冷却后进入产品罐（V202）。

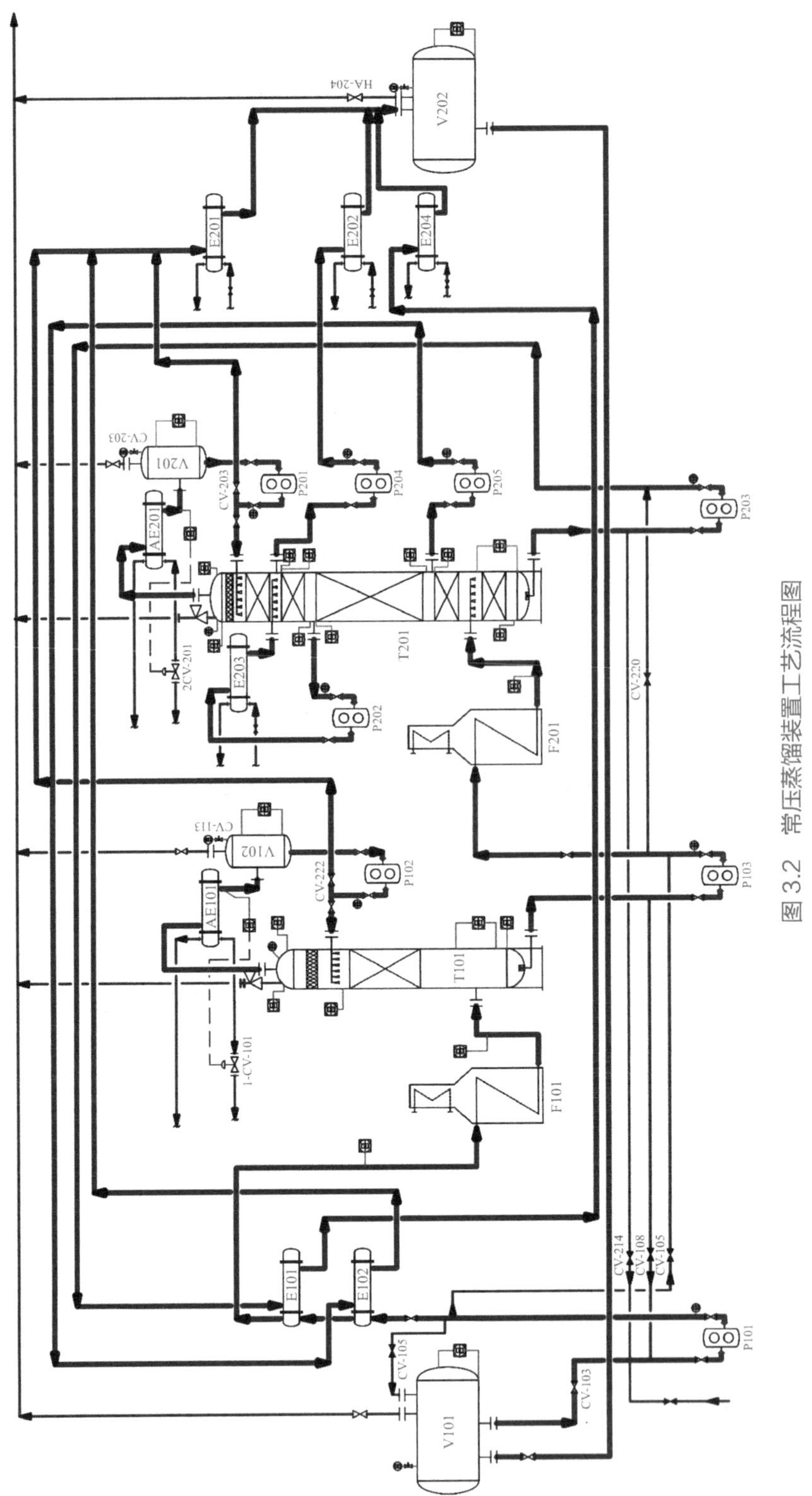

图 3.2 常压蒸馏装置工艺流程图

任务 3　了解主要工艺参数及设备

一、主要工艺参数

主要工艺参数见表 3.2 ～表 3.4。

表 3.2　常压蒸馏装置主要工艺参数

序号	项目	单位	数值	位号
1	原料进料流量	L/h	50	FI-01
2	原料初始温度	℃	30	TT-01
3	初馏塔进料温度	℃	130	TT-02
4	初馏塔顶温度	℃	88	TT-03
5	初顶回流量	L/h	12.8	FI-02
6	初顶回流温度	℃	82	TT-04
7	初馏塔底温度	℃	129	TT-05
8	F101 出口温度	℃	130	TT-02
9	F201 出口温度	℃	172	TT-07
10	常压塔顶温度	℃	109	TT-08
11	常顶回流量	L/h	50	FI-03
12	常顶回流量温度	℃	97	TT-09
13	常压塔底温度	℃	220	TT-13
14	常一线温度	℃	148	TT-10
15	中段抽出温度	℃	127	TT-11

表 3.3　常压蒸馏装置参数考核指标

指标	单位	控制范围	指标	单位	控制范围
原料进料量	L/h	45±5	F201 出口温度	℃	170±5
F101 升温速度	℃/h	≤ 70	初馏塔顶温度	℃	88±5
F201 升温速度	℃/h	≤ 80	常压塔顶温度	℃	109±5
再沸器升温速度	℃/h	≤ 80	初顶回流温度	℃	82±5

续表

指标	单位	控制范围	指标	单位	控制范围
T101 液位	%	10 ～ 90	常顶回流温度	℃	97±5
T201 液位	%	10 ～ 90	常底温度	℃	220±5
V102 液位	%	10 ～ 90	T101 顶压力	MPa	≤ 0.06
V201 液位	%	10 ～ 90	T201 顶压力	MPa	≤ 0.06
F101 出口温度	℃	130±5			

表 3.4　阀门状态表

位号	名称	开车状态	进料状态	小循环	大循环
CV-101	P101 抽原料罐阀	关	开	关	关
CV-222	初馏塔顶产品阀	关	关	关	关
CV-203	常压塔顶产品阀	关	关	关	关
CV-108	初馏塔单独循环阀	关	关	开	关
CV-214	大循环阀	关	关	关	开
CV-113	初顶回流罐放空阀	开	—	—	—
CV-203	常顶回流罐放空阀	开	—	—	—
CV-105	原料混合阀	开	开	开	开
CV-107	初馏塔阀	关	关	关	关
CV-220	常压塔阀	关	关	关	关

注：为考察学生的动手能力和对装置的熟悉程度，会随机改变开车前各阀门的开关状态，学生在装置开车前需认真检查。

二、主要设备

主要设备见表 3.5。

表 3.5　主要设备一览表

序号	设备类别	设备位号	设备名称	规格	备注
1	塔	T101	初馏塔	Φ206mm×3280mm	一段填料 1500mm
2		T201	常压塔	Φ250mm×3710mm	五段填料

续表

序号	设备类别	设备位号	设备名称	规格	备注
3	加热炉	F101	初馏塔进料加热炉	15kW	电加热炉
4		F201	常压塔进料加热炉	7.5kW	电加热炉
5		F202	常压塔底再沸器	15kW	电加热炉
6	罐	V101	原料罐	Φ500mm×1306mm	卧式
7		V202	产品罐	Φ500mm×1306mm	卧式
8		V102	初顶回流罐	Φ500mm×926mm	立式
9		V201	常顶回流罐	Φ500mm×926mm	立式
10	换热器	E101	原料－常底换热器	管壳式换热器	Φ219mm×1612mm
11		E102	原料－常二换热器	管壳式换热器	Φ219mm×1612mm
12	水冷器	E201	初顶 / 常顶 / 常二后冷器	管壳式换热器	Φ219mm×1612mm
13		AE101	初顶回流水冷器	管壳式换热器	Φ219mm×1612mm
14		AE201	常顶回流水冷器	管壳式换热器	Φ219mm×1612mm
15		E203	中段回流水冷器	管壳式换热器	Φ219mm×1612mm
16		E202	常一线水冷器	管壳式换热器	Φ219mm×1612mm
17		E204	常底水冷器	管壳式换热器	Φ219mm×1612mm
18	泵	P101	原料泵	齿轮泵	
19		P102	初顶回流泵	齿轮泵	
20		P103	初馏塔底泵	齿轮泵	
21		P201	常顶回流泵	齿轮泵	
22		P202	中段回流泵	齿轮泵	
23		P204	常一线抽出泵	齿轮泵	
24		P205	常二线抽出泵	齿轮泵	
25		P203	常压塔底泵	齿轮泵	
26	自控阀门	XV-101	初顶回流温控阀	调节阀	电动
27		XV-201	常顶回流温控阀	调节阀	电动

续表

序号	设备类别	设备位号	设备名称	规格	备注
28	手动阀门	CV-101	P101 抽原料罐阀	手动阀门	循环时关闭
29		CV-105	原料混合阀	手动阀门	向原料罐加料
30		CV-107	甩初馏塔阀门	手动阀门	常关状态
31		CV-220	甩常压塔阀门	手动阀门	常关状态
32		CV-222	初顶产品阀	手动阀门	产品外送时开启
33		CV-203	常顶产品阀	手动阀门	产品外送时开启
34		CV-108	初馏塔单独循环阀	手动阀门	常关状态
35		CV-214	大循环循环阀	手动阀门	开工时使用
36		CV-113	初顶回流罐放空阀	手动阀门	停工时开启
37		CV-203	常顶回流罐放空阀	手动阀门	停工时开启

思政元素

工业文化概述

工业是强国之本，文化是民族之魂。世界工业文化的历史证明，文化元素对工业化进程和产业变革具有重要影响，工业文化在工业化进程中衍生、积淀和升华，也必将在未来现代化发展中发挥越来越重要的作用。

高职院校要实现传承创新工业文化的使命，应加强具有工业文化特点的内涵建设，主动融入工业文化，建设凸显工业文化特征的高职校园文化；积极将工业文化引入课堂，把工业文化纳入教育教学过程之中，培养具有深厚工业文化素养的劳动者、建设者；开发工业文化资源，创新工业文化，为新型工业化建设提供精神动力。

一、工业文化的过去

工业文化的产生源于英国的工业革命。200 多年来，工业文化与时俱进，长盛不衰，经历着巨大的变革，成为推进工业化、现代化的主导文化。本文在文献的基础上对工业文化的发展历程进行了如下系统梳理与比较分析。

18 世纪中叶，英国进行大规模的工业革命，随后工业革命传播到整个欧洲大陆，工业文化和工业文明的成果也得到了广泛传播。法、德、美、日等先后在 19 世纪、20 世纪完成了工业革命，大大地丰富和深化了工业文化的内涵，使之成为世界的主流文化。法国的工业革命比英国迟 50 年左右，其工业文化有模仿英国的内容，但法国人对农耕经济和农业文化的留恋较深，在价值观变革中夹杂着较多的农业文化理念。直至今天，法国工业文化仍然显现着情感的元素，理性色彩不及欧洲其他国家。

德国的工业文化与英国有较大区别。一方面，在学习英国工业革命经验的同时，大力推进与工业生产方式配套的价值观变革，培育竞争意识；另一方面，以提高技术创新能力为目标，推行全民义务教育，以图通过教育来改变人们的价值观念，树立创新意识，推动工业技术的进步。德国以教育为本和技术创新的工业文化比英国自由竞争的工业文化更有持久性，负面效果也小得多。

美国工业文化提倡自由竞争，强调教育对改变人们价值观念的重要性，并且因为得天独厚的移民条件，力行开放式教育，以吸引各种不同类型的人才。美国人对农业的同情似乎是在效仿法国，但以工业技术和工业生产方式改造农业又是美国竭力推行的。因此，美国的工业文化是在精选欧洲各国工业文化基础上，结合自身国情摸索出来的，其核心的价值观念就是创新。

日本的工业文化带有浓厚的传统文化色彩，是东西方文化融合的产物。一方面，日本被迫打开国门后，效仿西方的办法，大力学习工业技术和工业生产方式，以西方工业文化改造日本传统文化，在规范制度和严谨工作上创办、改造企业。另一方面，日本并没有丢弃传统的目的价值观，即对外发动战争、推行侵略扩张的价值追求。直至第二次世界大战日本战败后，被迫暂时放弃侵略扩张的国家意志，转而全力推进工业化，由此产生了日本自己的工业文化。尤其是在企业文化建设上，日本走出了一条独特的道路，既吸纳西方文化注重技术和追求效率的元素，又兼备日本传统文化中视企业为家庭的观念意识。

中国的工业文化严格意义上讲是从新中国成立后实行工业化道路才开始大规模出现。中国工业文化是中国特色社会主义文化在工业领域的具体体现，是中国特色社会主义文化的重要组成部分。新中国成立以来，我国在推进工业化的探索实践中，孕育了大庆精神、“两弹一星”精神、载人航天精神等一系列先进工业文化典型，形成了自力更生、艰苦奋斗、无私奉献、爱国敬业等中国特色的精神宝藏。改革开放以后，我国工业文化的发展更是取得了一系列成就，在一些行业或领域形成了各具特色的文化成果，“劳模精神”“工匠精神”“企业家精神”等工业精神深入人心。

纵观工业文化诞生至今 200 多年的发展历程，工业文化是人类历史文化的演进：从农业文化发展到工业文化，再发展到信息文化中一个承前启后的重要阶段。工业文化是继农耕文化之后人类必然要经过的一个文化阶段，是伴随工业革命的兴起与发展而不断发展与完善的，是一个国家工业发展的精神产物。它作为人类文化当中非常重要的组成部分，必将对人类文明的进步做出更大贡献。

二、工业文化的今天

当前，我国制造业正处于从生产型向服务型、从价值链低端向价值链中高端、从制造大国向制造强国、从中国制造向中国创造转变的关键时期，进入了需要以工业文化作为重要支撑的新阶段。

工业文化决定工业产品，工业文化背后是社会文明。加强设计和融入人文气息可以直接提升工业产品的品质质量及附加值，而社会风气、精神、价值观和行为准则等同样会影响工业产品的品质。通过宣传普及工业文化，可以弘扬合作精神、契约精神、效率观念、质量意识、可持续的发展观；通过工艺美术的传承发展，可以延续民族文化，增添工业产品的人文艺术内涵；通过推进工业设计工作，可以提高产品的竞争力，提升产品质量和附加值。

在工业转型升级和提质增效的新形势、新任务下，工业文化发展仍然存在若干问题。主要表现为：一是相较于工业物质技术，工业领域的文化建设偏弱；二是全民工业文化素养不均衡，目前我国存在着一定的“重商不重工”的心态，相当部分的制造业从业者缺乏诚信、专注、创新、社会责任意识等；三是工业文化建设尚未形成合力。

三、工业文化的将来

人类经过了原始社会、农业社会和工业社会三个阶段，每个阶段都有一个与之相匹配的文化，工业社会所匹配的就是工业文化。在每次工业革命爆发之前，整个社会必然会形成一种有利于科技创新、工业发展、引燃工业革命的工业文化氛围。在工业革命爆发之后，原有的文化在技术进步的驱动下，融入了新的价值理念，会产生许多根本性的变化。

目前，颇具未来感的5G、虚拟现实、人工智能等变革性新技术的出现，正在深刻地影响着文化产业发展。3D打印、机器人、虚拟/增强现实、可穿戴设备、无人机、人工智能等新科技应用越来越广泛地与文化结合，一定会催生新的文化业态。

未来，5G、人工智能、量子、生物（基因）、新能源（如核聚变、可燃冰）、新材料（石墨烯）等技术将是引燃第四次工业革命的导火索。

对于化工等流程性行业，人工智能的发展势必会引发颠覆性的进步和变革。

从生产方面看，化工行业是高危行业，人工智能的发展如果能够替代危险岗位人员，还有将人力所不能涉及的区域，全部采用智能机器、智能仪表、智能传输等方式和手段实现全自动化的生产稳定运行，用智能自动化代替人工繁重的劳动力，就能提高工作效率，更精准地提高生产水平，是炼化企业的高级生产阶段。

从经营方面看，进、销、存智能化的运算和结算，从经营角度去分析并科学地计算利润最大化时的产量和原油的存储量，对于员工而言，能够真正实现从基础性、重复性、简单脑力工作的操作工人转型为生产和经营方面的技能、技术专家，是石化企业发展的另一个可期待的新阶段。

项目二 常压蒸馏装置岗位操作规程

任务1 常压蒸馏装置开车前的准备与检查

一、开车前的准备工作

1. 开车要求

（1）开车总要求：检查细、要求严、联系好、开得稳、合格快。

（2）开车要求做到“十不”：不跑油、不冒罐、不串油、不着火、不爆炸、不超温、不超压、不满塔、不损坏设备、不出不合格产品。

（3）“四不开车”：检修质量不合格不开车，设备安全隐患未消除不开车，安全设施未做好不开车，场地卫生不好不开车。

（4）装置开车由实训指导教师统一指挥，并指令操作工小组成员。

（5）参加开车的每个操作人员，必须严格按操作规程和指挥要求进行操作，对每一项工作都应认真细致，要考虑好、联系好、配合好、准备好，然后逐步进行，确保安全可靠。

（6）开车前，认真学习开车方案，并进行岗位技术训练。

（7）开车前，确认装置安全设施及消防器材齐备、好用。

（8）开车前，装置全部人孔封好，要求拆的盲板拆除，地漏畅通。

（9）加热炉升温时，必须严格按升温曲线进行。

（10）对开车人员的要求：指挥及时准确，操作适度无误，关键步骤专人把关。

2. 开车前的准备工作

（1）编制开车方案，组织讨论并汇报指导教师。

（2）做好开车时各项工作的组织安排，以及常用工具材料的准备工作。

（3）准备好乙醇、正丁醇、环己醇、正辛醇、丙三醇。

（4）确保水、电供应。

（5）拆除检修过程中所有盲板，加好该加的盲板并做好记录。

（6）对机泵进行检查，使之处于良好备用状态。

（7）准备好内外操记录等。

二、开车前的检查

1. 系统的检查

（1）全面检查所属设备、流程是否符合工艺要求，管线连接是否正确，有无漏接、错接，阀门方向是否正确，开关是否灵活，阀芯有无脱落，法兰、垫片、螺丝是否上紧，盘根是否压好，各塔、容器的人孔、手孔螺丝是否上紧。

(2) 所有仪表（包括孔板、测温点、测压点、压力表、热电偶、液面计）是否按要求装好。

(3) 所有消防器材是否备足，并按要求就位。

(4) 所有上下水道是否畅通。

(5) 地面、平台、上下走道、消防通道是否畅通，有无障碍物。

(6) 所有设备、管线保温、刷漆是否符合要求。

(7) 各设备基础是否完好，有无下沉、倾斜、裂缝等现象，地脚螺丝是否变形松脱。

2. 塔类、容器类的检查

(1) 初馏塔、常压塔、原料罐等容器内杂物是否清理干净。

(2) 液面计、安全阀是否安好，放空阀是否关闭。

(3) 检查法兰、螺丝、垫片是否符合安装要求。

(4) 安全阀、压力表、热电偶、液面计是否齐全、校正及好用。

3. 加热炉的检查

(1) 检查热电偶、自控系统是否齐全好用。检查有无泄漏。

(2) 检查炉管、吊架、支撑是否牢固，炉膛内有无杂物，炉管烧焦变形情况，弯头有无泄漏或冲刷腐蚀变薄。

(3) 检查电炉丝有无断裂。

4. 机泵的检查

(1) 检查机泵附件：压力表、对轮罩、油标是否齐全。

(2) 检查地脚螺丝、出入口阀门、法兰螺丝是否拧紧。

(3) 用手盘车，并启动空转数圈检查转动方向，检查盘车有无异音。

(4) 检查工艺管线及配件安装是否符合要求，阀门开关是否好用，放空阀是否关闭。

5. 冷换设备的检查

(1) 检查冷换设备附件、自控系统、热电偶、阀门等齐全完好情况。

(2) 检查冷换设备本身泄漏及阀门、法兰泄漏情况，排管破裂情况。

(3) 检查出入口的管线阀门的盲板是否拆除。

6. 工艺管线的检查

(1) 工艺管线及阀门、法兰等配件是否符合要求，单向阀方向是否正确，支架、保温、伴热等是否好用。

(2) 所有管线的热电偶、压力表是否齐全完好，封包内是否装满隔离液。

（3）所有盲板是否已经拆除，对应法兰是否更换垫片、紧固。

7. 其他方面的检查

（1）安全设施、消防水、消防沙、灭火器材是否齐全好用，照明是否齐全好用。

（2）临时电源及不用的施工机具等是否已及时清理和排除。

（3）地面杂物是否清除，卫生是否清洁，特别是高温部位的杂物是否已清理干净。

三、系统水压实验

水冲洗、水试压、水联运是本装置整个试运投产过程的一个重要环节。通过水冲洗、水试压、水联运可以彻底清除工艺设备管线内的焊渣铁锈杂物、脏物。进一步贯通工艺设备管线，保证工艺流程的畅通，并检查设备安装质量，全面考核工艺设备、机泵、仪表控制系统的使用性能。

往系统内注水，至初馏塔、常压塔、各储槽、换热器管路充满，查看各焊缝、设备、管路连接处，若无泄漏，则水压试验合格，将系统内的水排放干净。

任务 2　常压蒸馏装置正常开车操作

一、开车确认

M3.2 开工前巡检

（1）操作人员按要求着装。

（2）消防器材完好备用。

（3）可燃气体报警仪无报警。

（4）安全阀投用。

（5）所有仪表灵活好用。

（6）开车人员已通过安全培训。

（7）机泵和加热器送电完毕。

（8）原料已按照比例配制并引入原料罐。

（9）所有手动阀门和控制阀处于开车状态。

（10）冷却水引入装置，各水冷器投用。

（11）原料和产品罐均引入原料，液位不低于 70%，罐底连通阀打开。

(12) 装置预热到规定的温度（F101/F201 炉膛温度不低于 100℃，初馏塔顶温度不低于 50℃，常压塔顶温度不低于 80℃），T101/T201 液位不低于 20%，具备开车条件。

重要提示：为考查学生的动手能力和对装置的熟悉程度，会随机改变开车前各阀门的开关状态，请学生在装置开车前认真检查。

二、建立循环并升温

M3.3 开工进料

M3.4 开启初塔加热炉

M3.5 建立小循环

M3.6 结束小循环

M3.7 建立大循环

M3.8 结束大循环

(1) 开启原料泵（P101）经原料－常二换热器 (E102)、原料－常底换热器 (E101)、初馏塔进料加热器（F101）向初馏塔 (T101) 送油，流量控制在 50L/h。

(2) 投用初馏塔进料加热炉（F101），逐步提高初馏塔 (T101) 进料温度，升温速度控制不超过 70℃/h。

(3) 待初馏塔 (T101) 液位达到 80% 时，关闭原料泵抽原料罐阀门，开启初馏塔单独循环阀门，建立小循环，初馏塔循环升温。

(4) 待初馏塔顶温度达到 85℃以上时，关闭小循环，开进料阀，关闭初馏塔顶放空阀，开启初馏塔底泵（P103）经常压塔进料加热炉（F201）向常压塔 (T201) 送油，流量控制在 40L/h。

(5) 投用常压塔进料加热炉（F201），逐步提高常压塔 (T201) 进料温度，升温速度控制不超过 80℃/h。

(6) 确认常压塔 (T201) 液位达到 80% 时，关闭进料阀，开启大循环线阀门，建立大循环。

(7) 结束大循环，开启进料阀，开启常压塔进料加热炉 (F201)，升温速度控制不超过 80℃/h。

(8) 适当调整原料泵（P101）和初馏塔底泵（P103）流量，保持初馏塔 (T101) 和常压塔 (T201) 液位和压力稳定。

(9) 随着温度升高，系统物料会逐渐蒸发至塔顶。如果系统液位降低较多，可以打开原料泵抽原料罐阀门，向系统中补充物料，保持初馏塔 (T101) 和常压塔 (T201) 液位在 70% 左右。

三、建立全回流

(1) 随着系统内温度逐渐升高，初馏塔 (T101) 会有气相经初顶回流水冷器 (AE101) 冷却后进入到初顶回流罐 (V102)；常压塔 (T201) 会有气相经常顶回流器 (AE201) 冷却后进入到常顶回流罐 (V201)。

（2）F101 出口温度控制在 130℃，F201 出口温度控制在 170℃，常压塔底温控制在 220℃。

M3.9 建立初顶回流

（3）观察初顶回流罐 (V102) 的变化，待初顶回流罐 (V102) 液位达到 20% 并不断上涨时，关闭初顶回流罐 (V102) 顶放空阀，开启初塔顶回流泵（P102）向初馏塔 (T101) 内打回流（全回流）。

M3.10 建立常顶回流

（4）观察常顶回流罐 (V201) 的变化，待常顶回流罐 (V201) 液位达到 20% 并不断上涨时，关闭常顶回流罐 (V201) 顶放空阀，开启常顶回流泵（P201）向常压塔 (T201) 内打回流（全回流）。

M3.11 建立中段回流

（5）观察常压塔 (T201) 中段回流集液槽液位变化，待中段回流集液槽液位达到 70% 时，开中段回流泵（P202）经中段回流水冷器 (E203) 向常压塔 (T201) 内打回流。

四、调整回流量

（1）观察初顶回流罐 (V102) 液位变化，逐步调整初顶回流量至 12.8L/h，温度为 82℃。

（2）观察常顶回流罐 (V201) 液位变化，逐步调整常顶回流量至 50L/h，温度为 97℃。

（3）逐步调整中段回流量至 30L/h，调整中段回流水冷器 (E203) 水量，保证中段回流抽出和返回温差为 10℃左右。

五、抽出侧线产品至产品罐

M3.12 常一线采出

（1）观察常一线集液槽液位变化，待常一线集液槽液位达到 70% 时，开常一线抽出泵（P204），将一线产品经水冷器 (E202) 送入产品罐 (V202)。

M3.13 常二线采出

（2）观察常二线集液槽液位变化，待常二线集液槽液位达到 70% 时，开常二线抽出泵（P205），将二线产品经换热器 (E102)、水冷器 (E201) 送入产品罐 (V202)。

（3）因经过原料－常二换热器 (E102)，在抽出常二线产品后，F101 出口温度会升高，注意观察，及时调整。

六、塔顶、塔底产品送入产品罐

M3.14 初顶产品采出

（1）待初顶回流罐（V102）液位超过 20% 时，打开初顶回流泵（P102）出口至产品罐阀门，将初顶产品经水冷器 (E201) 送入产品罐 (V202)。

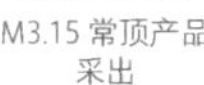

M3.15 常顶产品采出

(2) 逐步调整初顶回流泵 (P102) 出口至产品罐阀门 (CV-222)，维持初顶回流量在 12.8L/h。

(3) 待常顶回流罐 (V201) 液位超过 20% 时，打开常顶回流泵 (P201) 出口至产品罐阀门，将常顶产品经水冷器 (E201) 送入产品罐 (V202)。

(4) 逐步调整常顶回流泵 (P201) 出口至产品罐阀门，维持常顶回流量在 50L/h。

M3.16 常底产品采出

(5) 观察常压塔 (T201) 底液位变化，如果液位超过 80%，开启常压塔底泵，将常压塔底产品经原料 - 常底换热器 (E101)、水冷器 (E204) 送入产品罐 (V202) 。

(6) 调整初顶、常顶、常二水冷器水量 (E201)，保证冷后温度在 30 ～ 40℃之间。

(7) 调整常一线水冷器 (E202) 水量，保证冷后温度在 30 ～ 40℃之间。

(8) 调整常底水冷器 (E204) 水量，保证冷后温度在 30 ～ 40℃之间。

七、转入正常生产

按照工艺卡片逐步调整各点工艺参数，调整时幅度要合适，确保温度、压力、流量、液位稳定。

1. 装置提降量

(1) 在装置正常运行状态，将初馏塔进料量由 50L/h 提高至 60L/h, 观察各操作参数变化。

(2) 将初馏塔进料量由 60L/h 降低至 50L/h，观察各操作参数变化。

2. 产品质量控制

M3.17 参数控制

(1) 通过调整初馏塔进料温度（130℃）、初馏塔顶回流量（12.8kg/h）、塔顶回流温度（82℃），对应塔顶产品纯度为 90%。

(2) 通过调整常压塔进料温度（170℃）、塔顶回流量（50L/h）、塔顶回流温度（97℃）、中段回流量（30L/h）、中段回流温度（126℃）来控制常一线的产品质量，对应常一线产品纯度为 80%。

任务 3　常压蒸馏装置正常停车操作

一、停车准备工作

（1）装置停车要达到安全、平稳、文明、卫生的要求，做到统一指挥，各岗位要密切配合，有条不紊，忙而不乱。

（2）停车要做到“十不”：不超温，不超压，不跑油，不串油，不着火，不冒罐，不水击损坏设备，设备管线内不存油，降量不出次品，不拖延时间停车。

（3）组员熟悉停车方案安排、工作计划以及岗位间的衔接。

（4）准备好停车期间的使用工具。

（5）准备好将油品退油至中间罐。

（6）回收巡检牌。

（7）计划停车进行检修时，提前作好检修项目及用料计划，并提前准备好材料，临时停车，作好临时检修项目计划。

二、停车步骤要点

（1）降量时：降量要多次、少量，降量曲线要缓慢、平稳。

（2）降温幅度曲线要平稳。

（3）原料泵停后各塔立即退油。

（4）蒸塔时防止超压。

（5）洗塔时，水温应保持在 35 ～ 80℃为宜。

（6）蒸塔、洗塔要间断进行。

（7）冲洗设备时严防水击，出现水击应查清原因。

（8）执行 HSE 有关规定，停车中不乱排乱放。

三、装置停车操作

（1）停初馏塔进料加热炉。

（2）停常压塔进料加热炉。

（3）停常压塔底再沸器。

（4）停常压塔中段回流泵。

（5）依次停常一线、常二线产品泵。

（6）观察初馏塔塔顶压力变化，当降至 0.00MPa 时打开初馏塔顶回流罐放空阀，待回流罐液位低于 20% 后，停初馏塔顶回流泵。

(7) 观察常压塔塔顶压力变化，当降至 0.00MPa 时打开常压塔顶回流罐放空阀，待回流罐液位低于 20% 后，停常压塔顶回流泵。

(8) 停初馏塔进料泵，待初馏塔液位达到停车液位（不高于 10%）后停初馏塔底泵。

(9) 停常压塔进料泵，待常压塔液位达到停车液位（不高于 10%）后停常压塔底泵。

四、洗塔

停车完毕后，将两塔和回流罐的物料在低点放空。然后，向原料罐注入软化水，按照开车步骤进行蒸塔，两塔底温度控制在 110℃左右，洗塔时间不低于 4 小时。

蒸塔、洗塔完毕后，将两塔和各容器中的水退回 V101 罐中，各低点放空。

洗塔时水量要适当，利用回流泵对两塔进行冲洗。

蒸洗塔分两次，第一次蒸塔 1 小时，洗塔 1 小时；第二次蒸塔 2 小时，洗塔 1 小时。

任务 4　常压蒸馏装置事故处理

一、事故处理原则

事故处理对炼油装置来说尤为重要，由于一般的炼油装置都要求连续生产，且原料、产品都是易燃易爆的，一旦发生事故，不仅整个生产装置要受影响，而且还会造成巨大的经济损失甚至人身伤亡。所以对于消除事故隐患或发生事故后的处理，在生产过程中应放在重要位置。

事故处理原则是按照消除、预防、减弱、隔离、警告的顺序进行控制。当发生危险、危害事故时，要坚持先救人后救物，先重点后一般，先控制后消灭的总原则灵活果断处置，防止事故扩大。

(1) 严格遵守各项规章制度、安全规定、操作规程，发现隐患及时消除。

(2) 发生事故后，判断要准确，处理要及时，措施要果断有效。

(3) 发生一般事故，范围要控制住，做到不蔓延，不跑油，不串油，不超温，不超压，不着火，不爆炸。

(4) 单独设备起火时，应隔离设备，蒸汽掩护，报火警、灭火，保护其他运行设备。

(5) 发生着火、爆炸事故，要切断进料，停泵熄火，卸压，切断联系，通蒸汽掩护控制范围，防止蔓延扩大，并及时通知消防队。

(6) 正确使用各种消防器材，灭火要站在上风头。

二、常见事故及处理

1. 停电

（1）停电现象

机泵停止转动；照明断电、仪表断电；计算机无指示。

（2）停电处理

① 查明原因，短时间停电或者晃电，开启停用的机泵，仪表、加热炉重新启动。

② 开启塔顶回流罐放空阀。

③ 长时间停电，按照规定停车。

2. 停冷却水

（1）停冷却水现象

① 水冷器冷却水中断。

② 侧线冷后温度升高。

③ 各冷回流温度升高，塔顶压力上升。

（2）停冷却水处理

① 查明停冷却水原因。

② 各点温度改手动控制，加大各回流量。

③ 密切观察初馏塔和常压塔压力变化。

④ 开初馏塔和常压塔顶回流罐放空阀。

⑤ 开产品罐放空阀，防止憋压。

⑥ 如果停水时间超过 15min，按停车处理。

3. 塔底泵漏油着火

（1）原因

① 泵超压或温度变化剧烈。

② 泵出、入口法兰垫片损坏。

③ 端面密封泄漏。

④ 泵体腐蚀磨损穿孔。

⑤ 平衡管腐蚀漏油。

（2）现象

① 泄漏机泵出口压力下降，外甩量降低。

② 故障机泵处有明火，着火冒黄烟。

（3）处理方法

① 如果漏油较小、火势能控制住时，迅速采取灭火措施，紧急停下该泵，关闭泵进出口阀门，联系消防车现场掩护。火势较大时，用现场灭火措施控制火势同时迅速报

火警。

② 如果喷油着火且火势控制不住时，则按紧急停车处理。火大无法接近时，联系变电所电工将该泵电源拉下，关最接近该泵的两头阀门。

③ 灭火后联系有关单位检修漏油泵，听取指导教师的下一步处理意见。

注意事项：

（1）使用灭火器灭火时要站在上风向。

（2）如果现场有毒、有害气体超标，进入现场要戴好气防用具。

4. 塔漏油着火

（1）原因

① 检修质量不好，造成塔人孔、法兰、焊口、液面计漏油着火。

② 操作条件急剧变化造成连接管线胀裂或拉裂。

③ 操作压力太大造成安全阀顶开口喷油着火。

④ 油品腐蚀造成设备穿孔。

（2）处理

① 着火不严重时可用消防蒸汽扑灭火焰，用蒸汽掩护，继续维护生产，并立即汇报领导。

② 漏油着火严重时，按紧急停车处理。

③ 通知消防队和负责老师及领导，集中力量灭火。

④ 加热炉熄火，切断进料。

⑤ 塔内存油尽量外抽。

⑥ 关闭塔的有关连接阀门。

5. 常压塔冲塔

（1）原因

① 原料性质变化，轻组分含量高或者水含量高。

② 塔顶回流带水。

③ 中段回流突然中断。

④ 塔底液位过高。

⑤ 进料温度突升。

⑥ 处理量太大，油品过轻，引起气速过高。

（2）现象

① 常顶温度、压力升高。

② 侧线油品颜色变深。

③ 回流罐液位急剧上升。

（3）处理

① 首先排除原料中水含量高的原因，如果水含量高要进行分水。

② 降低塔底液面至正常液位。

③ 稳定进料温度，控制在指标范围内。

④ 适当降低处理量。

6. 加热炉进料中断

（1）现象

进料量直线下降、塔底液面下降，而加热炉出口温度上升。

（2）原因

加热炉进料泵抽空，或仪表故障如进料阀卡死。

（3）处理

① 及时降量降温，待进料正常后再将加热炉恢复正常。

② 根据事故原因及时联系维修人员处理，尽快使进料恢复正常。

③ 若加热炉进料中断，加热炉应迅速降低功率，降温，防止加热炉超温，炉管结焦。

7. 炉管结焦

（1）现象

① 炉出口温度达不到要求，炉膛温度高。

② 各路进料流量偏差大。

③ 炉管局部过热部分开始发红，严重时炉管变形。

④ 炉管阻力大，泵出口压力及结焦炉管进料压力升高、流量下降。

（2）原因

① 操作波动，炉出口温度过高或热电偶指示不准而导致实际温度高。

② 处理量太小引起流速过慢或各支路偏流较为严重。

③ 进料中断处理不及时。

（3）处理

① 结焦不严重，面积小时，适当降低出口温度，并把进料量开大，提高处理量，使油品流速加快，防止继续结焦。

② 结焦严重时，请示负责老师停车处理，进行清洗。

任务 5 掌握常压蒸馏装置岗位操作法

全体操作人员熟练掌握常压蒸馏装置岗位的操作规程，调节好产品质量，确保装置长周期、满负荷、稳定、安全的运行。适用于常减压装置全体操作人员。

一、组长（班长）岗位操作法

1. 装置开车

（1）指挥和协调各岗位做好开车前的检查和准备工作。

（2）确认水、电等已就位，原料罐区做好原料采样分析，做好收油准备。

（3）原料充足，准备齐全。

（4）装置内各设备管线均畅通无阻，做到不积水，不存油，无杂质。

（5）全面检查各岗位的准备工作是否充分完全。

（6）纵观全局指挥并协调各岗位的试运与开车。

2. 装置的正常运转

（1）定时、定点检查各设备的运转和操作情况。

（2）组织全组人员加强平稳操作，互相配合，做到安全、优质、高产、低耗。

（3）发现问题及时查清，组织人员进行处理。

（4）监督全组人员严守工艺指标和各项规章制度，清楚地填写各项原始记录。

（5）对于生产中出现的问题要及时汇报，并统一指挥岗位人员妥善处理。

（6）停水、停电要及时查明原因，如果时间较短，可指挥协调各岗位尽量维持生产，如生产不能进行，要汇报指导教师，做好紧急停车处理。

3. 装置的停车

（1）清楚停车原因，明白停车要求。

（2）提前了解装置的检修项目。

（3）组织各岗位人员熟悉停车方案，严格遵守停车要求和步骤。

（4）检查停车情况，各塔、容器、重质油线及紧要管线要冲洗干净。

（5）停车完毕，通知指导教师验收。

二、初馏塔岗位操作法

初馏塔的操作主要有塔底液面、塔顶压力和塔顶温度的控制，塔的平衡操作关键是控制好塔的物料、热量平衡，维持好一个合理的操作条件，工艺参数就是针对上述两点的要求进行调节的。

初馏塔对整个原料的换热起到了一个中路缓冲作用，并且分馏出汽化的乙醇轻馏分，初馏塔顶（初顶）压力、温度和塔底液面控制得好坏与否，直接影响加热炉岗位及常压塔岗位的操作，所以初馏塔操作参数控制平衡是正常生产中的关键一环。

1. 初馏塔液面的控制与调节

（1）控制原则：塔底液面主要由原料量和塔底出料量来调节。

（2）初馏塔液面控制：见表 3.6。

表 3.6 初馏塔液面控制

影响因素	调节手段
原料进料量变化	采取措施稳定进料量
原料性质变化	根据情况，适当处理
进料温度波动	查找原因加以处理
塔底液位计指示失灵	联系维修人员对仪表进行处理
回流温度，回流量波动	调节回流量
初馏泵抽空或发生故障	切换备用泵，维修处理
常压塔加热炉阀门出现堵塞	改走副线，维修处理

2. 初馏塔顶温度的控制与调节

（1）控制原则：用塔顶回流来控制。

（2）初顶温度控制：见表 3.7。

表 3.7 初馏塔顶温度控制

影响因素	调节手段
进料温度波动	根据各产品外送量，尽量稳定进料温度
原料性质变化	根据原料性质调整塔顶温度
原料量波动	稳定原料量
塔顶压力变化，回流量波动	稳定塔顶压力，稳定回流量
仪表指示失灵	维修处理

3. 初馏塔顶压力的控制与调节

（1）控制原则：要求保持塔顶压力低并且平稳，以提高原料中乙醇的挥发量，保证初底油不含乙醇。

（2）初顶压力控制：见表 3.8。

表 3.8 初顶压力控制

影响因素	调节手段
处理量变化	稳定处理量
塔底液面波动	稳定塔底液面，保证物料平衡
进料温度变化	根据各产品外送量尽量稳定进料温度
原料性质变化	根据原料性质对操作进行调整
回流量及温度变化	调整回流量或换热器给水量
仪表失灵	维修处理

三、常压塔岗位操作法

常压塔的操作主要有塔底液面、塔顶压力、塔顶及侧线温度的控制，塔的平衡操作关键是控制好塔的物料、热量平衡，维持好一个合理的操作条件，工艺参数就是针对上述两点的要求进行调节的。

1. 常压塔顶温度的控制与调节

常压塔顶温度是全塔热平衡的一个集中而又灵敏的反映，它控制着塔顶回流的大小，是全塔温度控制的一个关键点，对塔顶产品组分及中段回流量有决定性的影响。

（1）控制原则　用塔顶回流及常一中段回流量来控制。

（2）常顶温度控制　见表 3.9。

表 3.9　常顶温度控制

影响因素	调节手段
常炉出口温度波动	稳定炉出口温度
原料进料量变化	稳定原料进料量
原料性质变化	根据原料性质，调整塔顶温度
塔顶回流量变化，回流温度变化	控制好回流量和回流温度
中段回流量变化，回流温度变化	控制好回流量和回流温度
侧线馏出量变化	稳定侧线馏出量
塔顶压力变化	稳定塔顶压力
仪表指示失灵	维修处理
冲塔	按冲塔事故处理

2. 常压侧线温度的控制与调节

常压侧线温度是控制侧线产品质量的一个重要因素，它是通过改变塔顶温度和改变侧线抽出量，从而使抽出板上下液相回流量发生变化来进行调节的，但由于侧线的抽出量占一定比例的进料量，所以不允许大幅度的变化。

（1）控制原则：用塔顶温度及侧线抽出量和中段回流量来控制。

（2）侧线温度控制：见表 3.10。

表 3.10　侧线温度控制

影响因素	调节方法
塔顶温度变化	找出变化原因，稳定塔顶温度
塔顶压力变化	稳定塔顶压力
常炉出口温度变化	稳定常炉出口温度
侧线抽出量变化	稳定抽出量
塔底液面波动	稳定塔底液面
中段回流量、回流温度变化	稳定中段回流量及回流温度

续表

影响因素	调节方法
原料性质变化	根据原料性质调整操作
仪表指示失灵	维修处理
塔盘堵塞	清洗堵塞的塔盘
冲塔	按冲塔事故处理

3. 常压塔底液面的控制

（1）控制原则：由原料和塔底出料量来控制。

（2）塔底液面控制：见表3.11。

表3.11　塔底液面控制

影响因素	调节方法
进料量变化	稳定进料量
常炉出口温度变化	稳定常炉出口温度
塔底出料量波动	稳定塔底出料量
塔顶压力波动	查找原因进行处理
原料性质变化	根据原料性质做适当调整
侧线抽出量变化	温度抽出量
各回流量变化	调整各回流量
塔底液面指示失灵	维修处理
塔底泵上量不好	维修处理

4. 常顶压力的控制

压力是物料分馏的主要工艺条件之一，它的变化会引起全塔操作条件的改变，塔顶压力实际上反映了塔顶系统压力降的大小。常压塔属于低压分馏容器，不允许压力超高下操作，当常顶压力大于0.08MPa时，安全阀起跳泄压，以保证设备的安全运行。

（1）控制原则：要求保持塔顶压力低而平稳，以提高拔出率，并使质量合格。

（2）塔顶压力控制：见表3.12。

表3.12　塔顶压力控制

影响因素	调节方法
处理量变化	稳定处理量
塔底液面波动	稳定塔底液面，保证物料平衡
常炉出口温度变化	稳定常炉出口温度
原料性质变化	根据原料性质对操作进行调整
回流量及回流温度变化	根据实际情况调整回流量
仪表失灵	维修处理

四、加热炉岗位操作法

1. 加热炉出口温度的控制与调节

装置加热炉包括 F101、F201，操作时，稳定加热炉出口温度。

（1）影响因素

① 加热炉进料量变化。

② 加热炉进料性质变化。

③ 加热炉进料温度变化。

④ 加热炉丝断裂。

⑤ 人为调节幅度过大。

⑥ 热电偶、仪表失灵。

⑦ 外界温度影响。

⑧ 炉管结焦造成加热炉出口温度波动。

（2）调节方法

根据不同的影响因素采取不同的措施进行调节，要做到分析判断准确，处理及时。

2. 炉膛温度的控制与调节

炉膛温度不大于 400℃。

（1）影响因素

① 加热炉丝断裂。

② 加热功率调节不稳。

③ 炉管破裂。

④ 热电偶位置或插入深度不同。

⑤ 外界风向影响。

（2）调节方法

根据具体情况采取不同措施。

创新训练

为深化实践教学改革，强调以学生创新精神和工程实践能力培养为出发点，把培养学生操作技能与工程实践能力教学环节作为一个整体考虑，在装置工艺实训中，增加化工设计任务环节（化工设计任务书见工作手册资料），以生产性实训装置为实例，对实训装置的化工单元操作进行工艺设计和设备选型。让学生通过难度递增的任务训练与实践，初步具备化工工艺计算能力和工程素质，为企业培养能够解决技术、工程、工艺等问题的技术型、复合型、创新型高素质人才。创新训练流程见图 3.3。

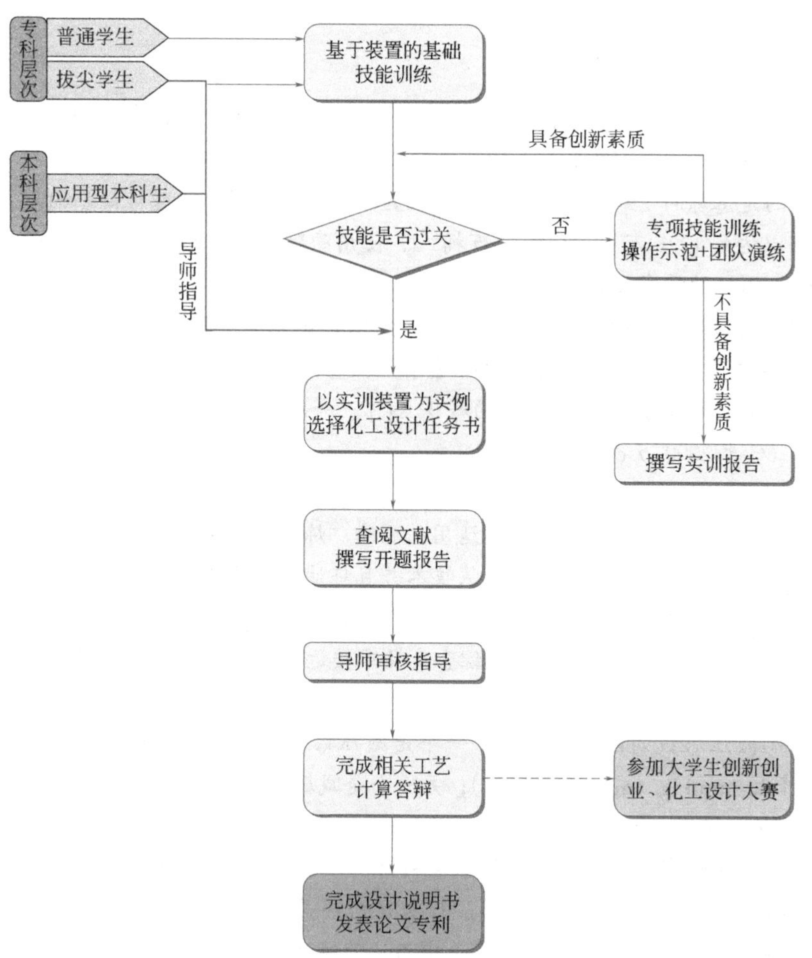

图 3.3　创新训练流程

拓展提升

原油蒸馏技术进展

常减压蒸馏装置是炼油企业最重要的装置之一，炼油企业的产能就是指常减压蒸馏装置的常压塔的年处理能力。常减压蒸馏装置的规模决定炼油企业的加工油种、渣油收率还有炼油利润。近年来，全球原油重质化、劣质化趋势明显，常减压蒸馏装置也在逐步采用新技术，以适应原油劣质化、性质波动以及总拔收率增加的要求。

1. 装置大型化

目前，国内新建的常减压蒸馏装置，规模为1000万t/a的居多，标配2000万t/a（两套装置合计），单套最大的是盛虹石化的1600万t/a的常减压装置，目前运行最大的是惠炼的1200万t/a的常减压装置。国际上美国、印度炼油厂的单系列规模都可以达到1275万t/a或者27万桶/d，使用壳牌的技术居多；最大的是加拿大的1750万t/a的常减压装置。

印度信诚炼油厂的常减压装置和延迟焦化装置规模分别达到1350万t/a和670万t/a。在同等规模下，单套装置比双套装置投资约少24%、装置能耗约减少19%，比3套装置投资约少55%、能耗约减少29%。一般认为，大型炼油厂的规模应在1000万t/a至2000万t/a。

2. 减压深拔

前述已经初步探讨过减压深拔适用的原油、炼油厂，这里主要说一下减压深拔对于总拔的影响，如果采用减压深拔技术并且炼油厂具备条件，对于提高全厂的轻油收率、综合商品率非常有好处。一些先进的常减压蒸馏装置及炼油厂，常减压蒸馏装置总拔可以达到82%、炼油厂综合商品率接近90%～95%，那么整个炼油厂的利润就非常可观了。

影响减压深拔的因素有两个，一个是减压塔真空度，进料段压力降18mmHg（有的降至8mmHg, 1mmHg=133Pa）；另一个是减压炉出口温度，从常规的390℃提高至400℃，甚至430℃。

国际上比较有名的减压深拔技术专利商，一个是荷兰SHELL（壳牌），一个是英国KBC；其他的还有埃克森美孚、日本JGC公司等。

国内采用SHELL技术的，主要是中石油的炼油厂；采用KBC技术的，主要是中石化的炼油厂。国内SEI（中石化工程建设公司）也有专门的技术，第一次工业应用是在中石化的武汉炼油厂。

3. 轻烃回收技术

国内外已开发成功的轻烃回收新技术有：直接换热（DHX）技术、膜分离技术、轻油回流技术、涡流管技术、变压吸附（PSA）技术等。这些新技术最主要的优势还是表现在节能降耗和提高轻烃收率两方面，它们代表了轻烃回收技术的发展方向。

4. 电脱盐技术

电脱盐不仅是十分重要的工艺防腐手段，而且伴随着脱盐、脱水、脱金属技术的日趋成熟，它已成为为下游装置提供优质原料所必不可少的原油预处理工艺过程。随着原油开采过程中大量使用助剂以及原油性质变差，使原油脱盐变得异常困难，电脱盐运行电流大、脱盐脱水效果差，排水含油高，给炼油厂生产带来很大的影响。

目前，电脱盐新技术主要以高速电脱盐技术，双进油双电场电脱盐脱水技术，超声波辅助破乳电脱盐脱水技术为代表。高速电脱盐技术适用于轻质和中质原油的大处理量电脱盐脱水过程，但对重质油品的适应性较差；双进油双电场电脱盐脱水技术适用于重质劣质原油的大处理量电脱盐脱水过程，也适用于老旧装置产能提升和原油劣质化重质化的改造；超声波辅助破乳技术具有脱盐脱水效率高、节省破乳剂的特点，但还有很多理论问题尚未解决，限制了其应用。

5. 其他

常减压蒸馏装置作为炼油厂的龙头装置，操作稳定与否会影响全厂的物料平衡、当月效益。国内多数常减压蒸馏装置都安装了APC系统（先进控制系统），提高装置的平稳率，避免全厂物料大幅度的波动。

此外，还有一些炼油厂，开始开发、使用原油调和系统，在源头就将原油调配好，减少厂内二次调和对装置的冲击；更有一些炼油厂，开始考虑把金融模型与炼油厂模型有机结合起来，通过对裂解利润的预测，调整炼油厂的加工方案。

双语环节

The first step in the refining process is the separation of crude oil into fractions by distillation. The crude oil is heated in a furnace to temperatures of about 315 to 370℃ and charged to a distillation tower, where it is separated into butanes and lighter wet gas, unstabilized light naphtha, heavy naphtha, kerosine, atmospheric gas, and topped (reduced) crude. The topped crude is sent to the vacuum distillation tower under reduced pressure and separated into vacuum gas oil and vacuum-reduced crude bottoms.

石油炼制过程的第一步是通过蒸馏把原油分离成各种馏分。原油在加热炉中加热至315～370℃后进入蒸馏塔，在那里分离成丁烷和更轻的富气、不稳定的轻石脑油、重石脑油、煤油、常压气体和拔头原油（常压重油）。拔头原油进入减压蒸馏塔，分离成减压蜡油和减压塔底重油。

考核评价

为了准确地评价本课程的教学质量和学生学习效果，对本课程的各个环节进行考核，以便对学生的评价公正、准确。考核评价模式见图 3.4。

综合考虑任务目标、教学目标和具体学习活动实施情况，整个评价过程分为课前、课中和课后3个阶段。课前考评个人学习笔记，考查个人原理知识预习情况；课中考评小组工作方案制定及汇报、个人工艺原理测试、个人技能水平和操作规范、个人职业素质和团队协作精神，创新训练环节是该实训装置工艺条件优化及工艺计算；课后考评个人生产实训总结报告或工艺设计说明书。并且设计10分附加分，作为学生学习进步分，每天考核成绩有进步的同学都能不同程度获得进步分，进步分最高为10分，以形成激励效应。

生产实训结束后，由企业导师和实训教师根据实训考核标准，对每位同学进行考核，评出优、良、中、及格、不及格五个等级。

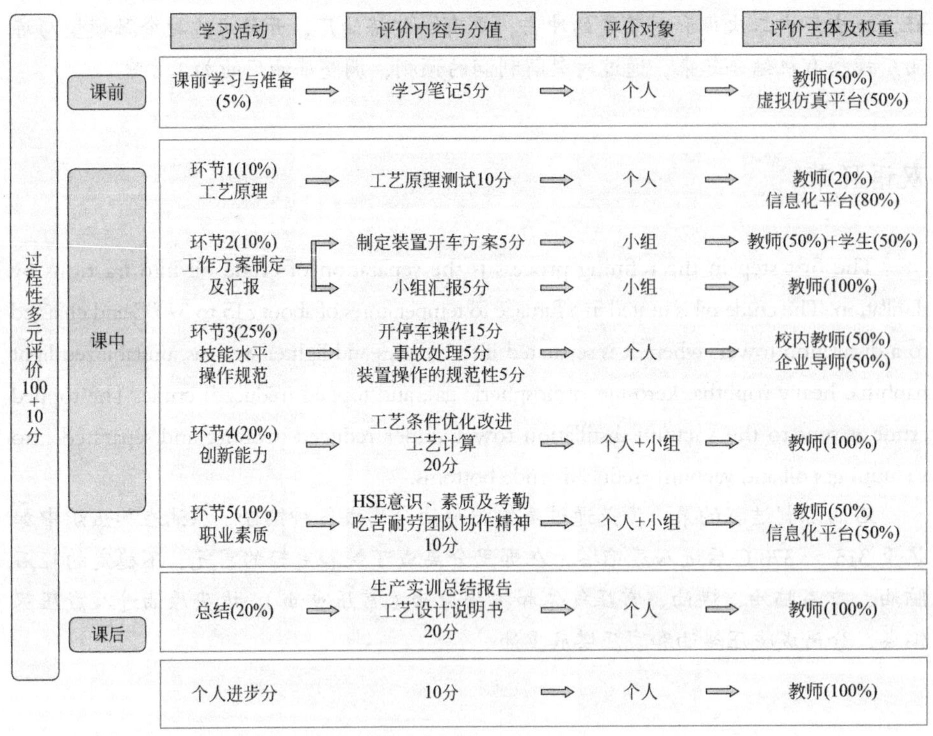

图3.4　考核评价模式

学习情境3工作手册资料包

工作手册资料

化工设计任务书

一、设计题目

1. 初馏塔工艺设计
2. 常压塔工艺设计
3. 初馏塔冷凝器工艺设计
4. 常压塔冷凝器工艺设计

二、设计任务

原料：5种醇的混合液体（见表1），年处理量360t/a，年工作日以300天计，初馏塔顶乙醇纯度99.0%，常压塔顶纯度98.5%，正丁醇塔底馏出液乙醇含量不高于2%。

表1　原料组成表

组分名称	乙醇	正丁醇	环己醇	正辛醇	丙三醇
组成/%	10	23	20	17	30

三、操作条件

1. 初馏塔和常压塔顶压力均为0.03MPa（表压）；
2. 进料热状况为泡点进料，塔顶为全凝器，连续精馏；
3. 回流液和馏出液温度均为饱和温度；
4. 冷却水进出口温度分别为25℃和30℃。

四、设计内容

1. 设计方案的确定及工艺流程的说明；
2. 塔的工艺计算（包括塔径、填料层高度、塔高的计算等）；
3. 填料塔流体力学计算（包括压力降、泛点率等）；
4. 精馏塔装配图，工艺流程图；
5. 冷凝器的热负荷；
6. 冷凝器的选型及核算；
7. 冷凝器结构详图的绘制；
8. 设计结果汇总；
9. 对本设计的评述或对有关问题的分析与讨论。

常压蒸馏装置生产实训报告

1 岗位工艺部分

1.1 装置概况

1.1.1 装置简介

1.1.2 原料来源

1.1.3 主要产品

1.2 生产原理

1.3 工艺流程叙述

1.4 工艺流程图

1.5 主要工艺参数

1.6 主要设备

1.7 工艺操作控制指标

2 岗位操作部分

2.1 实训基本任务

2.2 岗位成员及分工

2.3 岗位开车准备

2.4 岗位正常开车步骤

2.5 岗位停车操作步骤

2.6 岗位操作注意事项

3 岗位安全环保操作部分

3.1 岗位技术安全条例

3.2 岗位安全操作要求

3.3 危险化学品的特性

3.4 岗位劳动保护及劳动环境的安全要求

4 心得体会

工艺设计说明书

初馏塔的工艺设计

姓　　名：________________

学　　号：________________

班　　级：________________

指导老师：________________

日　　期：________________

目　录

常压蒸馏装置

内操记录表 (indoor operator record)

时间 (time)		温度 (temperature)/℃							流量 (flowrate)/（L/h）	液位 (liquid Level)/%	
时间间隔 / min	记录时间	F101 出口温度	初顶温度	初顶回流温度	F201 出口温度	常顶温度	常顶回流温度	常底温度	进料量	V102 液位	V201 液位
0											
30											
60											
90											
120											

常压蒸馏装置

外操记录表 (outdoor operator record)

时间 (time)		压力 (pressure)/MPa		液位 (liquid level)/cm		罐区 tank area	泵区 pump area	炉 / 塔区 furnace / tower area		冷换设备区 cold exchange equipment area
时间间隔 / min	记录时间	T101 顶压力	T201 顶压力	T101 液位	T201 液位	原料罐 / 产品罐是否正常	齿轮泵运行是否正常	F101 是否正常	F201 是否正常	冷换设备是否正常
0										
30										
60										
90										
120										

装置操作部分现场评分表

考核队编号:　　考核开始时间:　　考核结束时间:
起始水表数:　　结束水表数:　　起始电表数:　　结束电表数:

序号	考核项目	考核内容	考核记录（得分项，是为0，否为x，全为0本项得分）	分值	扣分	得分
1	开车过程（17分）	按照开车规程进行开车前检查确认（状态错误的阀门及时纠正，纠正1个得1分，共4分。纠正错误不得分）	状态错误的阀门（　）	1		
			状态错误的阀门（　）	1		
			状态错误的阀门（　）	1		
			状态错误的阀门（　）	1		
2		按照开车规程切换循环流程，并建立循环（正确切换到小循环得1分，正确切换到大循环得1分，正确切换到进料得1分，共3分。未切换或切换阀门错误不得分）	小循环状态 CV-101 关（　）CV-108 开（　）CV-214 关（　）	1		
			大循环状态 CV-101 关（　）CV-108 关（　）CV-214 开（　）	1		
			进料状态 CV-101 开（　）CV-108 关（　）CV-214 关（　）	1		
3		按照开车规程建立初馏塔顶回流、常压塔顶回流、常压塔中段循环回流，并关闭回流罐顶放空阀（每建立一个循环得1分，每关闭一个回流罐放空阀得1分，共5分。未建立循环或放空阀未关闭不得分）	初馏塔顶回流建立 P102 开（　）初馏塔回流罐液位不为零（　）	1		
			常压塔顶回流建立 P201 开（　）常压塔回流罐液位不为零（　）	1		
			中段回流建立 P202 开（　）E203 投用（　）中段集液槽液位不为零（　）	1		
			初馏塔顶回流罐放空阀 CV-113 关（　）	1		
			常压塔顶回流罐放空阀 CV-208 关（　）	1		
4		按照开车规程开启侧线抽出泵和常压塔底泵，将塔顶、塔底、侧线产品送产品罐（每抽出一种产品得1分，共5分。未抽出产品或阀门开启错误不得分）	初顶采出 P102 开（　）CV-222 开（　）E202 投用（　）初馏塔回流罐液位不为零（　）	1		
			常顶采出 P201 开（　）CV-203 开（　）E202 投用（　）常压塔回流罐液位不为零（　）	1		
			常一线采出 P204 开（　）E201 投用（　）常一线液位不为零（　）	1		
			常二线采出 P205 开（　）E202 投用（　）常二线液位不为零（　）	1		
			常底采出 P203 开（　）E204 投用（　）常压塔塔釜液位不为零（　）	1		

续表

序号	考核项目	考核内容	考核记录（扣满10分为止）	分值	扣分	得分
5	安全文明生产（10分）	按照石化行业有关安全规范，着工作服、手套，佩戴安全帽。未佩戴或佩戴不规范（安全帽带未系、工作服未系扣、外操进入装置操作时未戴手套）每一项扣0.2分，扣满10分为止	时间：（　　）安全帽佩戴不规范	0.2		
			时间：（　　）工作服穿戴不规范	0.2		
			时间：（　　）手套佩戴不规范	0.2		
		每半小时巡检1次，并按照规定挂巡检牌，未挂牌或挂牌不正确（小牌不在大牌相应的时间点上）1次扣0.2分，扣满10分为止	时间：（　　）号牌挂牌错误	0.2		
			时间：（　　）号牌挂牌错误	0.2		
			时间：（　　）号牌挂牌错误	0.2		
6		考核期间出现安全阀（泵出口或塔顶）起跳，每次扣2分，扣满10分为止	时间：（　　）泵出口安全阀起跳	2		
			时间：（　　）塔顶安全阀起跳	2		
7		出现冒罐（原料罐和产品罐有蒸气冒出）、跑串物料（初馏塔或常压塔物料串回原料罐）每次扣2分，扣满10分为止	时间：（　　）罐冒罐	2		
			时间：（　　）罐冒罐	2		
			时间：（　　）塔物料串入原料罐	2		
			时间：（　　）塔物料串入原料罐	2		
8		出现可燃气体报警器报警，每次扣5分，扣满10分为止	时间：可燃气体报警器报警1次	5		
			时间：可燃气体报警器报警1次	5		
9		保持现场环境整齐、清洁、有序，出现不符合文明生产的视情况扣1～5分（嬉戏，打闹，坐姿不端，乱扔废物，串岗等）	时间：嬉戏，打闹，坐姿不端，乱扔废物，串岗	1～5		
10		内外操记录及时(30分钟记录一次)、完整、规范、真实、准确。记录结果不清楚扣0.2分，涂改扣0.4分，错误扣0.6分，漏记扣0.8分，弄虚作假扣1分，扣满10分为止		0.2～1		
11		考核过程不服从裁判指挥，一次扣2分。扣满10分为止	时间：	2		
12		考核期间出现由于操作不当引起的设备损坏、人身伤害或着火爆炸事故，本项不得分；在操作区吸烟，本项不得分	时间：（　　）事故	5		

参考文献

[1] 章健，李燕．轻烃回收工艺的发展趋势及新技术研讨 [J]. 化工管理 ,2019(18):196-197.
[2] 胡力耀，桑元龙．原油电脱盐脱水新技术研究和应用进展 [J]. 石化技术 ,2018,25(2):67.
[3] 刘祖虎，武英冲，孙云，等．原油电脱盐脱水新技术研究和应用进展 [J]. 炼油技术与工程 ,2016, 46(08):6-10.
[4] 张文鹏．减压深拔技术在常减压蒸馏装置上的应用 [J]. 石化技术 ,2019,26(6): 185-187.
[5] 高子健．减压深拔技术分析 [J]. 化工管理 ,2019(03):191-192.
[6] 大地采集者．炼油装置专题介绍—常减压蒸馏装置 [EB/OL]. (2019-6-17). https://www.sohu. com/a/321170797_693849.
[7] GARY J H, HANDWERK G E, KAISER M J. Petroleum Refining Technology and Economics [M]. 5th ed. London: Taylor & Francis Group,2007.

学习情境 4

催化裂化试验装置实训

学习目标

一、能力目标

（1）能讲述催化裂化装置的工艺流程；

（2）能识图和绘制工艺流程图，识别常见设备的图形标识；

（3）能进行计算机 DCS 控制系统的台面操作；

（4）会进行催化裂化装置开车操作和停车操作；

（5）会监控装置正常运行时的工艺参数；

（6）通过 DCS 操作界面和现场异常现象及时判断异常工况；

（7）会分析发生异常工况的原因，并对异常工况进行处理；

（8）会记录及处理实验数据。

二、知识目标

（1）了解催化裂化生产过程的作用和地位、发展趋势及新技术；

（2）熟悉催化裂化试验装置特点；

（3）掌握催化裂化生产原理和特点；

（4）熟悉装置的生产工序和设备的标识；

（5）了解催化裂化装置工艺流程和操作影响因素；

（6）初步掌握催化裂化装置开车操作、停车操作的方法，以及考核评价标准；

(7) 掌握一定量的专业英语词汇和常用术语;

(8) 了解生产时的公用工程，以及环保和安全生产常识。

三、素质目标

(1) 具有吃苦耐劳、爱岗敬业、严谨细致的职业素养;

(2) 服从管理、乐于奉献、有责任心，有较强的团队精神;

(3) 能独立使用各种媒介完成学习任务，具有自理、自立和自主学习的能力，以及解决问题的能力;

(4) 能反思、改进工作过程，能运用专业词汇与同学、老师讨论工作过程中的各种问题;

(5) 能内外操通畅配合，具有较强的沟通和语言表达能力;

(6) 具有自我评价和评价他人的能力;

(7) 具有创业意识和创新精神，初步具备创新能力和科学研究能力。

实训任务

通过小型提升管流化床催化裂化试验装置的操作，懂得流化催化裂化（FCC）的生产流程与原理，会装置的DCS操作并能对异常工况进行分析和处理，本项目所针对的工作内容主要是对催化裂化试验装置的操作与控制，具体包括：催化裂化试验装置工艺流程、工艺参数的调节、开车和停车操作、事故处理等环节，培养分析和解决石油化工生产中常见实际问题的能力，以及科学研究的能力。

以4～6位学生为小组，根据任务要求，查阅相关资料，制订并讲解工作计划，完成装置操作和实验数据处理，分析和处理操作过程中遇到的异常情况，撰写生产实训总结报告。

项目设置

项目一　催化裂化试验装置工艺技术规程

任务1　认识催化裂化试验装置

从石油中用简单的蒸馏方法可以获得汽油、煤油、柴油等轻质燃料，但在质量和产量两方面均不能满足人们的需要。因此，往往需将重质石油烃类在热和催化剂作用下通过以裂化反应为主的一系列化学反应转化为轻质燃料。

催化裂化是一种重油轻质化的主要工艺过程，在炼油工业生产中占有重要的地位，特别在我国，催化裂化汽油占商品汽油的80%，催化裂化柴油占商品柴油的1/3，催化裂化是我国炼油工业中最重要的一种二次加工工艺。

常规催化裂化汽油的进一步深度裂化也可增产丙烯和芳烃，催化裂化汽油的芳构化也是增产芳烃的途径之一，催化裂化工艺已成为炼油与化工之间的纽带，是今后炼油－化工一体化的核心。

M4.1 催化裂化技术进展

一、催化裂化试验装置简介

催化裂化试验装置是为提高石油炼制技术相关专业学生动手能力和科研能力而设计的一套中试试验装置，可作为专业教师和大学生科技创新的实验平台。催化裂化试验装置的设计参考了美国 ARCO 装置和 DCR 装置，中石化、中石油及研究院大中型提升管装置及工业提升管催化裂化装置的技术特点，具有自动化水平高、条件试验范围宽等特点，具有先进的 FCC 催化剂评价、试验研究及培训的系统装置。

二、装置构成

装置系统包括进料系统、反应再生系统、分馏系统和尾气系统。

1. 液体进料系统

进料系统包括液体及气体进料系统。

（1）液体进料有两路　水进料系统和原料油进料系统，由各自由进料泵和进料罐及电子秤等组成。泵是柱塞泵，由计算机控制器启动和停止。

M4.2 催化裂化反应－再生工艺

（2）气体进料也有两路　空气、氮气供气系统，分别由进气阀、进气压力表、减压阀、减压压力表，单向阀等组成。空气作为再生气由质量流量控制器控制。氮气通过减压阀后分出一路经转子流量计后对反应系统及再立管进行流化。

2. 反应及再生系统

再生系统由再生器、再立管、再斜管、再塞阀及配套的吹气系统组成。反应系统由提升管、汽提器、待输管、待塞阀及配套的吹气系统组成。

3. 分离系统及尾气系统

分离系统由冷凝器、沉降罐、分馏塔及配套管线组成。反应气经汽提器汽提沉降进入分馏塔，经分馏冷冻分离出裂化气和液体组分。

4. 尾气系统

裂化气经气表计量，取样口取样分析气体组成。液体产物经分水、称量、取样并分析液体组成。从再生器出来的烟气绝大部分经干气表计量，进入 CO_2 分析仪分析含碳量，很小部分进入 CO 转化炉。

三、装置的主要功能

（1）通过待生塞阀和再生塞阀，可对催化剂循环量进行有效的自动控制。

（2）烟气采集和分析，实现在线分析和积分，计算焦炭产率。

（3）实现反应生成油的自动切换、收集，并可在线分离三级汽油。

（4）充分考虑反应时产生废气、废液的排放环节。

（5）装置的运行全部采用计算机控制，实时显示装置的运行状态，完成对有关参数的自动采集、存储、监测及打印，并设置超压、超温、低液位报警声光信号，并实施安全保护。对气体流量及电子秤进行远程通信，并将其累加值及瞬时值在控制界面上显示。同时可在线计算及显示剂油比、反应时间等，并进行试验数据的处理。

四、装置设计特点

1. 装置运行稳定性

（1）进料采用进口高精度计量泵与高精度电子秤配合使用，通过计算机控制系统进行闭环控制。重油进料泵入口管线上装有过滤器，采用软连接保证计量精度。

（2）除对反应器、再生器内设置的各反吹风、松动风及催化剂输送风采用高精度的转子流量计（精度为 1%）外，还在流量计入口安装稳流阀，控制流量，提高装置运行的稳定性，还通过压力调节阀控制两器压力，控制两器压差，可精确控制两反应器压差在几十毫米水柱（$1mmH_2O=9.8Pa$），使催化剂循环状态稳定。

2. 催化剂循环量控制与测量方案

可以在线监测设备中催化剂的循环量，通过调节待输阀来控制待输线温度，待输线温度恒定则系统催化剂循环量稳定，温度与循环量的对数成近似线性关系。

3. 在线监测剂油比方案

通过测量并控制装置的循环量与泵的进油量，可以实时地监测剂油比。

4. MIP 反应器的配置方案

MIP：Maxing Iso-Paraffin，最大量生产异构烷烃，其特点是利用一根提升管，分两个反应区（一反和二反），原料油与热再生剂进一反，进行高温、大剂油比接触，主要以裂化反应为主，生成较多烯烃，经大孔分布板进入扩径的二反后，在较低温度、较长停留时间下，增加氢转移、异构化反应，抑制二次反应。装置中提升管反应器为可更换式反应器，配备常规提升管反应器与 MIP 提升管反应器进行不同的研究使用。

5. 反应器、再生器压力的控制方案

通过再生器出口的调节阀来控制再生器压力，通过脱液罐气相出口的调节阀来控制反应器的压力，通过控制反应器、再生器与参考压力的压差来实现两器压差的精确控制，使催化剂可以正常循环。

6. 催化剂装卸方案

（1）催化剂装剂

方案 1：通过真空泵抽。

方案 2：通过向添加的催化剂里冲氮气，以脉冲憋压的方式自动加剂。

方案 3：自再生器顶部通过加剂漏斗直接加入。

（2）催化剂卸剂：先将催化剂全部循环到再生器中，然后通过吹扫气与卸剂罐，卸除催化剂。

7. 取样设计

（1）气体取样：在一反顶出口设取样阀，可离线或在线测气体组分，如在线测，需加管线保温。在油水分离器顶设取样阀进行取样，可在线或离线测气体组分。烟气通过在线二氧化碳分析仪与一氧化碳分析仪分析气体成分。

（2）液体取样：在油水分离器底出口与油出口分别设取样口取样分析，验证分离效果，在分离塔底部设取样点测分离效果。

（3）固体取样：在待斜管底端设取样管阀，用专门的取样器取样，分析待生剂积炭量，在再生斜管底端设取样管阀，用专门的取样器取样，分析再生剂的积炭量。

8. 碳平衡计算

进料重油的含碳量 = 烟气中的含碳量 + 再生剂的积炭量 × 总催化剂量 + 裂化气中的含碳量 + 分离塔液相含碳量。

9. 待生剂定碳

通过调节进重油与循环量来调节剂油比，进行待生剂的积炭程度测定。

10. 再生剂定碳

在已知待生剂积炭量的情况下，通过控制空气进料量来控制再生剂的定碳。

11. 油水分离设计

反应器出口的裂解气进入油水分离器进行油水分离。

任务 2　掌握催化裂化试验装置工艺原理及过程

一、催化裂化催化剂及催化过程

催化剂的作用是促进化学反应，从而提高反应器的处理能力。而且，催化剂能选择性地促进某些反应，因此，催化剂还能对产品的产率分布及质量起重要作用。在催化裂化装置中，催化剂不仅对装置的生产能力、产品产率及质量、经济效益有主要影响，而且对操作条件、工艺过程和设备形式的选择有重要影响。

1. 裂化催化剂

工业上采用的催化裂化催化剂可以分为三类：一是经酸处理的天然硅铝酸盐；二是人工合成的无定形硅酸铝；三是人工合成的具有晶格结构的硅铝酸盐——沸石或分子筛。目前工业装置中采用的大部分催化剂是分子筛，原因是分子筛催化剂具有以下几个方面的优势：

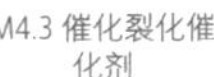

（1）较高的活性；

（2）汽油的产率较高；

（3）汽油产品中的烷烃和芳香烃含量较多，辛烷值高；

（4）焦炭产率较低；

（5）单程转化的能力较强。

分子筛催化剂的高活性允许短的裂化停留时间，因此大部分催化裂化反应采用了提升管催化裂化装置，反应时间为 2 ～ 4s。

2. 催化过程

催化裂化反应是在催化剂表面上进行的，属于“气－液－固”非均相催化反应。原料进入反应器后经过以下七个步骤才变成产品离开催化剂。

第一步，原料分子从主气流中扩散到催化剂表面（外扩散）；

第二步，原料分子沿催化剂孔道向催化剂内部扩散（内扩散）；

第三步，靠近催化剂表面的原料分子被催化剂活性中心吸附，原料分子变得活泼，某些化学键开始松动（吸附、活化）；

第四步，被吸附的原料分子在催化剂表面发生化学反应（反应）；

第五步，产品分子从催化剂表面上脱附（脱附）；

第六步，产品分子沿催化剂孔道向外进行扩散（内扩散）；

第七步，产品分子扩散到主气流中（外扩散）。

二、催化裂化的化学反应

催化裂化过程中的化学反应并不是单一的裂化反应，而是多种化学反应同时进行。在催化剂表面各种烃类分子之间是竞争吸附与阻滞的关系，同时朝着几个方向进行反应，随着反应深度的增加，中间产物又会继续反应，因此催化裂化反应又是平行－顺序反应。

1. 裂化反应

M4.4 催化裂化反应

催化裂化过程中的主要反应是裂化反应，即C—C键断裂，其反应速度较快，如：

$$\underset{(\text{正庚烷})}{CH_3CH_2CH_2CH_2CH_2CH_2CH_3} \longrightarrow \underset{(\text{丙烯})}{CH_2{=}CHCH_3} + \underset{(\text{丁烷})}{CH_3CH_2CH_2CH_3}$$

$$\underset{(\text{乙基环戊烷})}{C_5H_9{-}CH_2{-}CH_3} \longrightarrow \underset{(\text{2－乙基－1-戊烯})}{H_2C{=}C(CH_3){-}CH_2{-}CH_2{-}CH_3}$$

$$\underset{(\text{异丁基苯})}{C_6H_5{-}CH_2{-}CH(CH_3){-}CH_3} \longrightarrow \underset{(\text{苯})}{C_6H_6} + \underset{(\text{异丁烯})}{H_2C{=}C(CH_3){-}CH_3}$$

裂化反应生成大量高辛烷值烯烃，提高了裂化汽油辛烷值。

2. 异构化反应

异构化反应是催化裂化的重要反应，它是在分子量大小不变的情况下，使烃类分子发生结构和空间位置的变化。异构化反应有以下几种情况：

（1）骨架异构化，如：

$$\text{二甲基环戊烷} \longrightarrow \text{甲基环己烷}$$

(二甲基环戊烷)　(甲基环己烷)

$$H_3C-CH_2-CH_2-CH_3 \longrightarrow H_3C-CH(CH_3)-CH_3$$

(正丁烷)　(异丁烷)

$$H_2C=CH-CH_2-CH_3 \longrightarrow H_2C=C(CH_3)-CH_3$$

(1-丁烯)　(异丁烯)

（2）双键位移，如：

$$H_2C=CH-CH_2-CH_3 \longrightarrow H_3C-CH=CH-CH_3$$

(1- 丁烯)　(2- 丁烯)

（3）双键空间结构变化，如：

$$\text{顺-}CH_3CH=CHCH_3 \longrightarrow \text{反-}CH_3CH=CHCH_3$$

(顺2-丁烯)　(反2-丁烯)

异构化反应有生成异构烃的潜力，有利于提高汽油辛烷值和降低柴油凝点。

3. 氢转移反应

某一烃分子上的氢脱下来，立即加到另一个烃分子上。如：

$$\text{甲基环己烷}+H_3C-HC=CH-CH_3 \longrightarrow \text{甲基环己烯}+H_3C-CH_2-CH_2-CH_3$$

(甲基环己烷)　(2-丁烯)　(正丁烷)

氢转移反应是催化裂化特有的反应，有生成饱和烃和芳烃的潜力，是造成催化裂化汽油饱和程度高的主要原因。

4. 芳构化反应

芳构化反应是烷烃、烯烃环化生成环烷烃及环烯烃，然后进一步进行氢转移反应，不断放出氢原子，最后生成芳烃的反应过程。由于芳构化反应，使汽油、柴油含芳烃量较多。

但该反应能力较弱，汽油 RON（辛烷值）的提高主要靠裂化和异构化反应。如：

$$H_3C-CH=CH-CH_2-CH_2-CH_2-CH_3 \longrightarrow \text{(甲基环己烷)} \longrightarrow \text{(甲苯)} + 3H_2$$

(2-庚烯)　　(甲基环己烷)　　(甲苯)

5. 缩合化反应

多环芳烃会牢固地吸附在催化剂的表面，不断地脱氢缩合成稠环芳烃，最后缩合成焦炭，导致催化剂失活。

催化裂化反应除了以上四类外，还有甲基转移反应、叠合反应和烷基化反应。

三、再生的化学反应及反应热

焦炭的主要成分是碳和氢，一般焦炭的含氢量为 8% ～ 12%（质量分数）。在再生器中烧去的焦炭包括三个部分：

催化炭——裂化反应产生的缩合产物。

附加炭——原料本身所固有的残炭转化生成的炭。

可汽提炭——因汽提不完全而残留在催化剂微孔内的油气。

焦炭燃烧的主要化学反应式如下：

$$C+O_2 \longrightarrow CO_2 \quad 放热：33873kJ/kg$$

$$C+1/2O_2 \longrightarrow CO \quad 放热：10258kJ/kg$$

$$H_2+1/2O_2 \longrightarrow H_2O \quad 放热：119890kJ/kg$$

四、工艺流程说明

提升管催化裂化试验装置中催化剂在密相流化床反应器、汽提器、待输线、再生器和再输线内连续循环。来自再生器内的再生催化剂经再输线到达反应器下部，预热的原料油经提升管喷嘴进入提升管，在提升过程中与催化剂接触发生催化裂解反应，产品气和催化剂一起进入反应器中，催化剂在反应器中沉降，裂解气经沉降和过滤后从沉降器顶部进入冷凝分离系统。反应后的催化剂经汽提后，通过待生塞阀或滑阀、待输线输送到再生器。在再生器中，积炭催化剂用从空气分布板出来的空气烧焦再生。再生剂经汽提段后向下流入到再生立管、再生塞阀、再生斜管，重新循环到反应器，进入反应器密相床上部。再生塞阀控制催化剂的循环量。

裂解气进入气液分离塔，经分馏分离出裂化气和液体，液体进入气液分离器，自动分离出水和裂解气，裂解气经湿气表计量，并在取样口取样分析组成。液体产物取样并分析组成。从再生器出来的烟气经湿气表计量，并用红外分析 CO、CO_2 含量。根据裂化气、液体、烟气的组成和重量计算出物料平衡。

催化裂化试验装置工艺流程图见图 4.1。

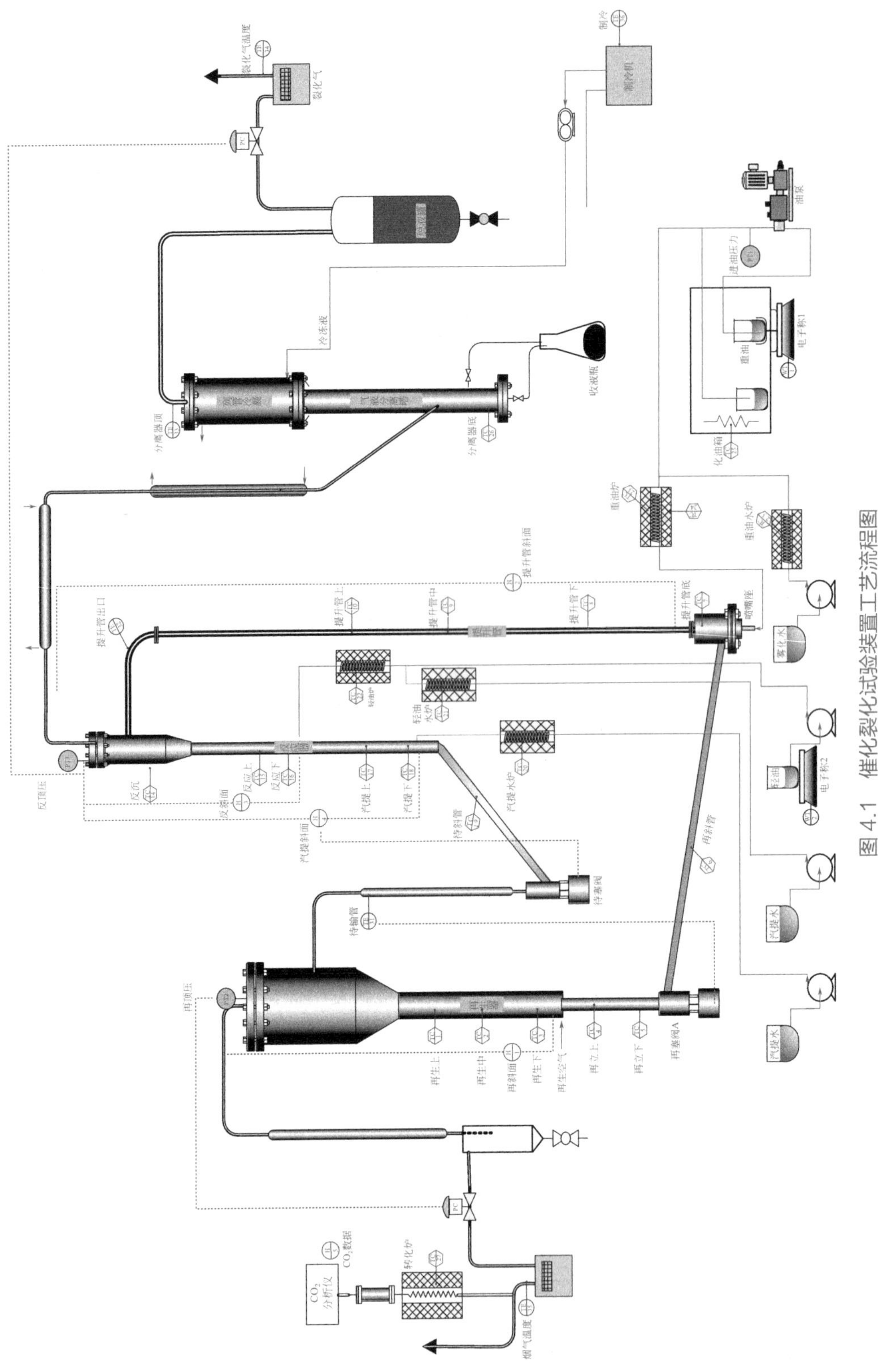

图 4.1 催化裂化试验装置工艺流程图

任务 3　了解主要工艺参数及设备

一、主要工艺参数

1. 装置技术指标

（1）通用参数

催化剂总藏量：　10kg

反应压力：　100kPa ～常压

原料油进料量：　0.2 ～ 1.8 kg/h，原料油的最高残炭达 5%

物料平衡：　≥ 97%

控制精度：　±1.5℃

（2）再生器

空气流量：　$3m^3/h$

再生温度：　600 ～ 700℃

进料预热温度：　150 ～ 420℃

再生器内径：　100mm

床层高径比：　2.4

催化剂藏量：　6kg

（3）提升管反应器

反应温度：　450 ～ 550℃

反应时间：　2 ～ 3s

剂油比：　2.5 ～ 12

2. 工艺控制指标

工艺控制指标见表 4.1。

表 4.1　催化裂化试验装置工艺控制指标

控制点	参数值	控制点	参数值
t1 再生器上部温度 /°C	650	t7 沉降器顶部温度 /°C	450
t2 再生器下部温度 /°C	650	t8 气提段温度 /°C	500
t3 再生器斜管温度 /°C	530	t9 待生斜管温度 /°C	500
t4 提升管底部温度 /°C	520	t10 气提炉温度 /°C	500
t5 提升管中部温度 /°C	510	t11 原料油预热温度 /°C	260
t6 提升管顶部温度 /°C	500	t12 原料预热炉温度 /°C	360

续表

控 制 点	参数值	控 制 点	参数值
t13 原料油管线温度 /℃	50	f5 雾化水流量 /(g/min)	4.0
t14 原料油泵头温度 /℃	50	f4 汽提水流量 /(g/min)	4.0
t15 化油箱温度 /℃	130	再斜松动气量 / (L/h)	40
t16 油罐油温度 /℃	90	预提升气量 /(L/h)	65
p3 两器压差 /kPa	±1.5	待生松动气量 /(L/h)	40
p4 汽提段压差 /mmH_2O	420±20	主风流量 /(L/h)	840
p5 提升管压差 /mmH_2O	15±5		

二、主要设备

催化裂化装置主要设备见表 4.2。预热器及反应器等技术说明见表 4.3。

表 4.2 主要设备列表

序号	名称	规格型号	技术参数	材质	数量
1	预热炉	10L	一段，最高温度 500℃	SS316	1
2	气化炉	10L	一段，最高温度 500℃	SS316	1
3	空气炉	10L	一段，最高温度 700℃	SS316	1
4	反应器	5L- 反	催化剂装填量 5kg	SS316	1
5	再生器	10L- 再	催化剂装填量 8kg	SS316	1
6	预热器	10L- 预	Φ6mm×1mm，盘管	SS316	1
7	汽化器	10L- 汽	Φ6mm×1mm，盘管	SS316	1
8	分离塔	10L- 分离	Φ159mm×4mm×620mm Φ89mm×4mm×1241mm	SS316	1
9	原料罐	10L	50L	SS316	2
10	汽提水罐	10L	10L	SS316	1
11	脱水罐	10L	30L	SS316	1
12	脱液罐	10L	30L	SS316	1
13	收液罐	10L	5L	SS316	1
14	待输冷却套管	10L	Φ32mm×3mm×1600mm	SS316	1
15	烟气冷却套管	10L	Φ32mm×3mm×1600mm	SS316	1
16	裂解气冷却套管	10L	Φ32mm×3mm×1600mm	SS316	1

续表

序号	名称	规格型号	技术参数	材质	数量
17	管阀件		3000psi（1psi=6.895kPa），57℃	SS316	52
18	循环制冷机		20L/-10℃		1
19	汽提水泵	0～10mL/min	常温，1500psig，0.01～10mL/min		1
20	原料泵	0～10L/h	常温，1500psig，0～10L/h 4～20mA		1
21	转子流量计				1 批
22	压力传感器	0.1MPa	0.1MPa，精度 0.25%	SS316	3
23	差压变送器	20kPa	20kPa，精度 0.25%	SS316	4
24	压力表	1.1MPa			1 批
25	热电偶	K 型	Φ3mm，精度 0.15%		1 批
26	电子秤	奥豪斯，8kg	感量 0.1g		2
27	干气表	G6	防腐型		2
28	红外分析仪（CO_2）				1
29	电气元件（含控制柜及框架）		进口		
30	智能控制器及 PLC	WEST 8100+ CPU 222	进口		1 批
31	计算机		i5 4G 1T 2G 独显，Rambo 刻录， Win8.1 光电键鼠，21 英寸液晶显示器		1
32	控制软件	组态王			1 套
33	DCS	HC-900			1 套

表 4.3　预热器及反应器等技术说明表

参数	反应器	再生器	油水分离器	预热器
形式 （立式 / 卧式）	立式	立式	立式	盘管
设计温度 /℃	最大：600	最大：750	最大：750	最大：600
设计压力 /MPa	最大：1	最大：1	最大：1	最大：1
主体段直径 /（mm×mm）	沉降段：Φ325×4 变径段：Φ(325～60) 汽提段：Φ60×4 密相段：Φ32×3	沉降段：Φ325×4 变径段：Φ(325～114) 汽提段：Φ114×4 密相段：Φ32×3	Φ159×4	Φ6×1

续表

参数	反应器	再生器	油水分离器	预热器
主体段长度 /mm	沉降段：660 变径段：230 汽提段：725 密相段：1490	沉降段：560 变径段：230 汽提段：1300 密相段：1600	660	6000
材质	SS316	SS316	SS316	316L
X 射线探伤	是	是	是	是
保温 （是 / 否）	是	否	否	是
腐蚀裕量 / mm	1	1	1	0.5
内构件	分布器和再分布器、催化剂等	分布器和再分布器、催化剂等	填料 / 集液器	—

项目二　催化裂化试验装置岗位操作规程

任务 1　催化裂化试验装置开工前的准备与检查

一、开车前的准备工作

1. 开车要求

（1）开车总要求：检查细、要求严、联系好、开得稳、合格快。

（2）开车要求做到“十不”：不跑油，不冒罐、不串油，不着火，不爆炸，不超温，不超压，不满塔，不损坏设备，不出不合格产品。

（3）“四不开车”：检修质量不合格不开车，设备安全隐患未消除不开车，安全设施未做好不开车，场地卫生不好不开车。

（4）装置开车由实训指导教师统一指挥，并指令操作工小组成员。

（5）参加开车的每个操作人员，必须严格按操作规程和指挥要求进行操作，对每一项工作都应认真细致，要考虑好、联系好、配合好、准备好，然后逐步进行，确保安全可靠。

（6）开车前，认真学习开车方案，并进行岗位技术训练。

（7）开车前，装置安全设施及消防器材齐备、好用。

（8）开车前，装置全部人孔封好，要求拆的盲板拆除，地漏畅通。

（9）加热炉升温时，必须严格按升温曲线进行。

（10）对开车人员的要求：指挥及时准确，操作适度无误，关键步骤有专人把关。

（11）环境及备料要求

① 环境温度：0 ～ 40℃。

② 环境相对湿度：≤ 70%。

③ 水：循环冷却水采用实验室上下水，汽提、雾化、松动等蒸汽用纯净水。蒸馏水用量约为 500g/h。

④ 电：现场电源条件，三相四线，每相 AC220V±10%, 50Hz, 10A。使用三相四线电源时，由于装置稳定运行时三相功率不可能完全均衡，故中线电流不为零，不能加民用漏电保护器，现场应另有良好地线使装置接地。

⑤ 气：氮气由工业氮气瓶提供；空气由压缩机提供，需脱水及净化处理。要求空气和氮气压力≥ 0.3MPa，空气用量约为 1 ～ $3m^3/h$，氮气用量约为 $0.2m^3/h$。

⑥ 催化剂：（80 ～ 500 目）10kg。

⑦ 原料油：蜡油或渣油 10kg。

2. 开车前的准备工作

（1）编制开车方案，组织讨论并汇报给指导教师。

（2）做好开车时各项工作的组织安排，以及常用工具材料的准备工作。

（3）准备好去水蒸气和重质原料油。

（4）确保水、氮气、电供应充足。

（5）拆除检修过程中所有盲板，加好该加的盲板并做好记录。

（6）对机泵进行检查，使之处于良好备用状态。

（7）准备好内外操操作记录等。

二、开车检查

1. 检查要按流程

专业分工进行。工艺、设备、仪表、安全环保设施、隐蔽工程等专业检查要求列出清单，设定专人负责，检查完毕后要进行签字确认。

2. 检查装置状态达到开车条件

（1）准备好各种操作记录。

（2）准备好操作规程。

（3）装置开车方案贴到墙上显眼位置。

（4）开车方案责任分工明确。

3. 检查设备

（1）检查静设备及管线是否有漏点。可事先通入气体试压和试漏，并检查排空及循环水线路是否通畅。洗涤、安装好油接收瓶。

(2) 检查动设备是否能正常开启及运行。

(3) 检查流量计、计量称、压力表、阀门等仪表、控制仪器是否完好。

(4) 检查分析检测设备是否准备就绪。

(5) 检查计算机及控制软件能否正常运行。

(6) 检查灭火器、消防栓等安全设备是否完好、到位。

4. 检查工艺流程

(1) 工艺管线法兰连接完毕。

(2) 工艺管线连接处垫片齐全。

(3) 工艺管线连接处垫片安装符合要求。

(4) 工艺管线连接处螺栓齐全。

(5) 阀门安装方向正确。

(6) 工艺管线上的压力表齐全。

(7) 工艺管线上的温度计齐全。

(8) 工艺管线上的热电偶齐全。

(9) 工艺管线上的采样口部件齐全。

(10) 工艺流程完整正确。

(11) 管线标识完整正确。

(12) 工艺阀门处于关闭状态。

5. 熟悉安全防范措施、工艺流程及操作过程

(1) 进行安全教育及安全演练。

(2) 熟悉工艺流程。

(3) 熟悉装置及计算机操作规程及程序。

任务 2 催化裂化试验装置正常开车操作

一、装置开车前操作

1. 进气及试漏

(1) 开启空气压缩机。

(2) 接通空气进入线路。

(3) 调节各路空气流量，气体流量控制指标见表 4.4。1SCFH=28.3L/h，1cc/min=0.006L/h。

(4) 检查管线及设备是否有漏点，若有漏点及时处理。

表 4.4 转子流量计给定值表

转子名称	刻度 /（cc/min）	转子名称	刻度 /SCFH	转子名称	刻度 /SCFH
再顶压	100	待斜下	1.0	待输气	1.0
汽提料面	100	再立上	1.0	备用	0
提升管料面	100	再立下	1.0	备用	0
反压顶	100	再塞阀松动	1.0	待输冷却	10
再料面	100	再斜上	1.0	再生空气	14
备用	100	再斜下	1.0	再生空气	14
喷嘴座松动	100	汽提气	1.0	备用	0
待塞阀松动	100	提升气	1.0	加剂气	—
待输座松动	100	雾化气	1.5	加剂松动	—
待斜上	100	替原料氮气	1.5	吹扫空气	—

（5）检查气体流量计是否支持运行，排空线路是否通畅。

裂化气：300L/h

烟气：1500L/h

2. 加催化剂

（1）将准备好的催化剂称量后通过加剂料斗加入催化剂罐。

（2）加剂前应检查再料面、汽提料面的空管压降是否正常。加剂可通过加剂罐将催化剂加入反再系统。

注意事项：

（1）更换催化剂时，应从气提顶、再顶及其他位置进行大气量吹扫，以防止装置内残留旧催化剂。

（2）所加催化剂要求干燥，含碳量小于 0.6%（质量分数），以防在催化剂含碳、含水量高时影响初始的流化循环。

（3）从再生器顶加剂时，再生空气流量降到 1.0m^3/h 以下。

（4）装置内已装有催化剂，但藏量不够，也可从加剂罐补充加入催化剂。

3. 开机及升温循环

（1）气体量调节，加剂完毕后将所有气量调节到规定值。

（2）启动总电源、电子秤电源、制冷机开机电源。

（3）打开循环冷却水进出口阀门，并控制循环水流量。

（4）开启计算机，进入计算机控制程序界面，将反应器各调节阀的控制器打到自动状态，使系统达到反应压力，调节阀默认状态为手动开度 50%；设定温度控制值，开始升温。

（5）催化剂循环，升温循环过程中可适当加大再生器底塞阀的开度。催化剂开始循环时，如果流化不正常，可以从预提升气、待生剂和再生剂卸出口甚至反应器顶出口等位置反吹以使循环正常。

4. 标定催化剂循环量

如所用催化剂的循环量对待输线温度的关系尚未确定的话，应先进行标定。因为这是进行条件试验时确定剂料比所必需的。标定时系统温度和各转子流量计的指标应达到正常运转指标并且稳定，特别是汽提器底部温度和待输线的催化剂输送空气流量、待输线取热空气流量应与条件试验时一致，它们一般分别为 500℃、0.2 m^3/h、0.9 m^3/h。

标定催化剂循环量的依据是催化剂从汽提器底部带到待输线的热量多少。待输线下段有套管保温，套管内通入恒定流量的空气，连续取走恒定的热量，循环量越大，催化剂携带的热量越多，待输线温度就越高。

标定催化剂循环量时把再生器底塞阀调成自动控制、待输塞阀调成自动控制。当系统平稳后记录稳定运转时的待输线温度，将再塞阀关闭，催化剂就停止流向提升管，再料面将不断增加，催化剂的循环量就是通过再料面差压的变化和再生器的截面积计算出来的。如果标定时是按每隔 10s 取一个数值，则催化剂循环量的计算方法为：

$$\text{催化剂循环量}(g/h)=\frac{\text{差压变化值}(k/Pa)/10\times\text{汽提器截面积}(mm^2)}{\text{时间}(min)}\times 60$$

本装置的催化剂循环量为：

$$W_{cat}(g/h)=3018\times\text{每分钟差压变化值}(kPa)$$

通过变化再生器底塞阀的开度，改变催化剂循环量，等待输线温度稳定后重复上述操作标定其他点，用一系列循环速率读数的对数和待输线温度作图，一般可得到一条直线。现在可用计算机标定催化剂循环量的软件进行标定。

标定催化剂循环量时的记录表格如表 4.5。

表 4.5　催化剂循环量标定表

操作员：　　　　　　　　　　　　　　　　　　　　年　　月　　日

催化剂名称：

时间差 / min	再生器料面压差 / mmH_2O	料面压差 /mmH_2O	料面压差平均值 / mmH_2O	待输冷却空气 / (m^3/h)	待输空气 / (m^3/h)	TE120 汽提器温度 /℃	TE128 待输线温度 /℃	催化剂循环量 / (g/h)
0								
0.5								
1.0								
1.5								
2.0								

催化剂循环量 g/h=3018× 每分钟差压变化值

把标定催化剂循环量时得到的一系列待输线温度及相关的催化剂循环速率读数的对数值输入计算机中。计算机根据（TE125）待输线温度即刻显示出相关的催化剂循环量速率值。

5. 准备原料

将原料油加入电子秤上的原料罐中，对化油箱进行加热，确保原料油液化。运转原料泵，将原料、回流三通阀打到回流状态，确保进料管线中充满油，并对泵速进行标定，将管线接好。

6. 气体置换

装置不进料时一般用空气维持催化剂在反应、再生系统中循环，进料前30min切换氮气代替空气。因为空气便宜，并且可使催化剂在装置内充分烧焦。但进料时必须用氮气代替空气，氮气与空气的切换是通过一个三通阀来实现的。一般氮气切换30min后可将反应系统中的空气全部置换。

注意：氮气和空气的压力应当用压力调节器调到一致，一般为0.3MPa。如果操作时出现减压变化，流量会有偏差。

7. 开启汽提气

启动汽提水泵(流量120g/h)，待预热水炉温度（TC123）与汽提温度（TC114）达到300℃以上，开启汽提水泵，根据水罐电子秤的读数变化，测量并调节汽提水流量与条件试验一致。启动泵5～10min后，待汽提水进入反应器中时调小甚至关闭汽提气（按条件试验要求）。

8. 检查系统其他部分

主要包括检查裂化气、烟气表流量是否正常，各转子流量计是否在给定位置，检查各种温度是否达到正常值。

二、装置开车操作

1. 开始进料

启动原料泵，当预热炉温度开始下降时，缓慢减小替料气流量，直到最后降为零。此时注意观察原料泵进料压力表，不能太高，也不能由于关替料气太快而由高降到零，以使操作平稳。当原料裂化时产生了轻质烃，使总气体量增加，降低替料气量可使上述影响得到补偿。如果替料气量降得太快，总气体量突然减少，可能出现操作波动，所以应缓慢降低替料气量。

2. 稳定操作条件

（1）根据试验条件要求设定各温度控制器。

（2）根据反应时间要求调整原料进料量，同时调整汽提水的流量和各转子流量计流量。

（3）当系统运转平稳后，通过改变各反应器塞阀的开度来调整催化剂循环量，并定期对脱液罐进行排水。

（4）根据剂料比要求得到催化剂循环量，各塞阀在自动状态下调整到循环稳定，以确保催化剂循环量满足剂料比要求。催化剂循环速率 = 进料速率 (g/min) × 剂料比。例如根据反应时间要求原料泵量为 1200g/h，按剂料比为 5：1 计算，催化剂循环量为 6000g/h 即 100g/min，应查阅催化剂循环量与待输线温度图，在催化剂循环量 100g/min 时，待输线温度为 T_a 摄氏度。所以设定待输线温度为 T_a，各塞阀的开度自动变化以满足催化剂循环的要求（用计算机计算出对应循环量下的待输线温度的给定值，直到催化剂循环量速率达到要求为止）。如果再生器底塞阀已全部打开，还不能达到所要求的催化剂循环量，则可以采用增大再反压差，向装置添加催化剂等方法。

注意：再反压差 <10kPa 时，容易出现操作波动。

（5）根据情况一般还需要适当调整温度、流量和循环量。

3. 试验数据采集

当装置运转操作平稳，并且满足试验条件时可在一定时间内取物料。

（1）检查计算机控制、数据采集是否正常。

（2）称好液收空瓶质量，加足原料、蒸馏水，检查气源压力是否充足。

（3）在某一时刻将分离器底部的液体切换到集液空瓶中，这一时刻必须与计算机采集数据的时间相一致。同时记录原料、雾化水、汽提水、裂化气、烟气表和各种转子流量计的读数。

（4）根据试验要求及具体情况在卡物料的过程中取裂化气、烟气、再生剂、待生剂等样品进行分析，同时记录裂化气和烟气表的温度。

（5）时间到时关闭集液阀及平衡阀，更换集液瓶，记录原料、汽提水、裂化气、烟气表的读数，开始卡平行物料。然后进行液体产品称量和分水，取样分析。

注意：如果计算机采集数据很准，卡物料时只需记录汽提水的量和更换集液瓶，进行液体产品称量和分水，取样分析即可；卡物料过程中根据情况可适当调整再生器底塞阀的开度、温度、再反压差等设定，以更好地满足试验条件要求；另外试验过程中应检查集液瓶以免溢出。

任务 3　催化裂化试验装置停车操作及事故处理

一、停车准备工作

（1）装置停车要达到安全、平稳、文明、卫生的要求，做到统一指挥，各岗位要密切配合、有条不紊、忙而不乱。

（2）停车要做到“十不”：不超温，不超压，不跑油，不串油，不着火，不冒罐，不水击损坏设备，设备管线内不存油，降量不出次品，不拖延时间停车。

（3）组员熟悉停车方案安排、工作计划以及岗位间的衔接。

（4）准备好停车期间的使用工具。

（5）准备好将油品退油至中间罐。

（6）回收巡检牌。

（7）计划停车进行检修时，提前做好检修项目及用料计划，并提前准备好材料，临时停车，做好临时检修项目计划。

二、装置停车操作

（1）首先提高预提升吹气量。

（2）调节汽提氮的转子流量计到标准刻度。

（3）慢慢增大替料气量至标准刻度的一半，停原料泵。

（4）关汽提水泵。

（5）关冷却水阀与制冷机电源。

（6）替料气调节到标准值。

（7）切换空气，一般在停料 30min 后可将氮气切换成空气。必要时可提高反应器、分离器的温度，用空气烧掉沉积在催化剂和器壁上的焦炭。

（8）主管指示降温卸剂。关总电源，调小再生空气、雾化气、汽提气、替料气的量到标准的一半。

（9）将塞阀改为手动控制并把三个塞阀打开，卸掉反应器和汽提装置底部卸剂口阀门，催化剂就会自动卸出来。

（10）轻轻敲打装置或进行反吹等使装置内催化剂全部卸出来。

三、装置停车注意事项

（1）严格遵守实验室安全规范。

（2）装置中的质量流量计严禁进液体。如气源可能含液体，应经过分离及干燥处理。同时应保证质量流量计入口压力高于出口压力。

（3）装置开车前要进行全面检查，包括电系统、仪表控制系统、空气开关、冷却系统，制冷机运行是否良好，原料罐与水罐中是否有充足的量，原料泵、水泵是否运转正常，空气入口压力及减压压力是否正常，流程是否贯通，空气入口阀前过滤器中是否有水，因为空气中含水比较多，所以此过滤器需经常放水。

（4）加剂前，要对装置进行气密检查，以防有泄漏影响催化剂的正常循环。

（5）检查各转子流量计流量是否在正常值，以免催化剂倒窜堵塞给气点。

（6）所加催化剂一定要干燥，以免影响催化剂的初始流化，催化剂要进行筛选，筛掉小于 500 目的细粉和大于 80 目的颗粒，以防堵塞滤管。

（7）催化剂的加入量要合适，不能太多也不能太少，否则会影响各料面，不能正常循环。

（8）反应系统进行氮气切换时，一定要先检查氮气的纯度，保证纯度不低于 99.5%，防止氮气纯度不够引起反应系统爆燃，氮气气瓶要保证在 3MPa 以上，如果低于 3MPa 需要及时更换气瓶。

（9）进原料时，观察温度确定原料已进入反应器中，再关闭替料气；退料时，先通替料气再关进料。

（10）进原料时，氮气置换不得少于 15min，确保反应器中不残留空气，退原料时，继续通入氮气 10min，再切换空气进行烧焦。

（11）启动汽提水泵时，观察各料面及气化炉温度，确保水蒸气已进入系统，方可关掉汽提氮气；停泵时，先通入汽提氮气，然后停泵，以免水汽倒窜，并每隔一段时间对三个脱液罐进行排水。

（12）启动原料泵进原料时，应注意观察原料泵出口压力，确保原料泵和管线的畅通。

（13）CO_2 分析仪前的干燥器是用来保护 CO_2 分析仪的，需要定期置换干燥器内的干燥剂，更换原则：当干燥剂为白色时，说明干燥剂已失效，需要在 600℃焙烧两个小时，再装入干燥器。

（14）试验完毕，系统冷却后卸剂，用空气吹扫干净，不残留催化剂，以免影响下次试验结果。

（15）妥善处理废催化剂及废弃原料。

四、事故处理

1. 事故处理原则

事故处理对炼油装置来说尤为重要，由于一般的炼油装置都要求连续生产，且原料、产品都是易燃易爆的，一旦发生事故，不仅整个生产装置要受影响，而且还会造成巨大的经济损失甚至人员伤亡。所以对于消除事故隐患或发生事故后的处理，在生产过程中应放在重要位置。

事故处理原则是按照消除、预防、减弱、隔离、警告的顺序进行控制的。当发生危险、危害事故时，要坚持先救人后救物，先重点后一般，先控制后消灭的总原则灵活果断处置，防止事故扩大。事故处理原则有以下几点：

（1）严格遵守各项规章制度、安全规定、操作规程，发现隐患及时消除。

（2）发生事故后，判断要准确，处理要及时，措施要果断有效。

（3）发生一般事故，范围要控制住，做到不蔓延，不跑油，不串油，不超温，不超压，不着火，不爆炸。

（4）单独设备起火，隔离设备，蒸汽掩护，报火警、灭火，保护其他运行设备。

(5) 发生着火、爆炸事故，要切断进料，停泵熄火，卸压，切断联系，通蒸汽掩护控制范围，防止蔓延扩大，并及时通知消防队。

(6) 正确使用各种消防器材，灭火要站在上风头。

2. 典型事故处理

(1) 泵不进料，故障原因及处理办法见表 4.6。

表 4.6　泵不进料的处理办法

故障原因	处理办法
泵头内有气体	排除进料管线及泵头内的气体
泵管线不通	吹扫导通管线
泵损坏	与厂家联系维修或更换

(2) 系统反应压力控制不好，故障原因及处理办法见表 4.7。

表 4.7　系统反应压力控制不好的原因及处理办法

故障原因	处理办法
系统有漏（堵）	检查系统
调节阀（电气转换器）故障	与厂家联系维修或更换

(3) 温度控制异常，故障原因及处理办法见表 4.8。

表 4.8　温度控制异常的原因及处理办法

故障原因	处理办法
控制器有输出，灯②及灯③不亮，温度不升	检查调节器输出到固态继电器之间的线路
控制器有输出，灯②亮，灯③不亮，温度不升	① 检查相应空开是否打开。 ② 检查调节器是否有高限报警。 ③ 更换固态继电器（交流接触器未吸合）
控制器没有输出，灯②不亮，灯③亮，温度升	更换固态继电器
控制器没有输出，灯②③都不亮，温度升	更换炉丝或与厂家联系维修

注：控制器输出可以从控制界面上的控制器画面的输出值可以看到；固态继电器上灯为灯②；面板指示灯为灯③；正常情况下灯②③同时亮或同时灭。

(4) 计算机与装置通信有故障，原因及处理办法见表 4.9。

表 4.9 计算机与装置通信故障原因及处理办法

故障原因	处理办法
通信线路有问题	检查网线是否接好或有损伤
其他原因	与厂家联系维修

（5）质量流量计工作异常，原因及处理办法见表 4.10。

表 4.10 质量流量计工作异常原因及处理办法

故障原因	处理办法
质量流量计出入口压差不合适	检查通信线是否接好或有损伤
调节器通信设置不对	调节相应减压阀，使质量流量计入口压力比出口压力高 0.05 ～ 0.1MPa
质量流量计进液体	① 将质量流量计反接后用气吹扫一段时间。 ② 与厂家联系维修或更换。 ③ 质量流量计损坏，与厂家联系维修或更换
调节器输出不对（应为 4 ～ 20mA 输出对应 0 ～ 10L 满量程）	① 检查板卡输出是否正确（应为 4 ～ 20mA 输出）。 ② 与厂家联系维修或更换。 ③ ±15VDC 电源损坏，与厂家联系维修或更换
24VDC 电源损坏	与厂家联系维修或更换

（6）装置运行过程中，如出现停水，要先退料，按正常停车处理。

（7）当出现停电时，要做紧急处理，切断总电源及仪表控制开关，关闭料泵、水泵，以免突然来电时对仪表及系统造成影响，将系统流程改回正常位置，汇报领导。

（8）如果催化剂不循环，应用调整再反压差、汽提气，开大塞阀开度等方法增加循环量，必要时可从反顶出口、再生剂卸剂口或烟气出口吹气使之循环。

（9）反应过程中，如果原料泵出现故障，应立即通替料气，然后将进料阀转向回流，停泵，进行处理，系统维持催化剂的正常循环。

（10）如果试验中，汽提水泵出现故障，应先通入汽提氮气维持催化剂的循环，退料，对泵进行处理。

（11）出现制冷机不制冷现象时，如果在卡物料，数据应作废，检查制冷剂的发动机、压缩机及制冷液，找出故障并进行处理。

（12）进原料时，如果原料压力高，但装置不进料，说明分布器或者管线堵塞，需要疏通。

（13）如果发现气化炉有泄漏，应立即切换汽提氮气，维持催化剂的正常循环。

任务 4 学习上位机操作规程

本系统的上位机采用 PC 个人计算机。用来采集现场过程中的温度、压力、流量、浓度等过程数据。在屏幕上还有本控制系统所需要的操作命令，如报警、历史趋势、操作程序等。上位机的操作方法说明如下：

在运行程序前，需将软件的密钥插在计算机的 USB 口上，才可以启动程序。

一、程序的启动与运行

1. 下位机程序下载

只有在控制程序有改动的时候用，一般不需要操作。

（1）双击桌面上 RU提升管c30 快捷方式，即可打开控制系统的下位机控制程序。

（2）单击 Download，见图 4.2。

图 4.2　Download 图标在页面中的位置

（3）单击 Download 后将出现下图窗口，见图 4.3。

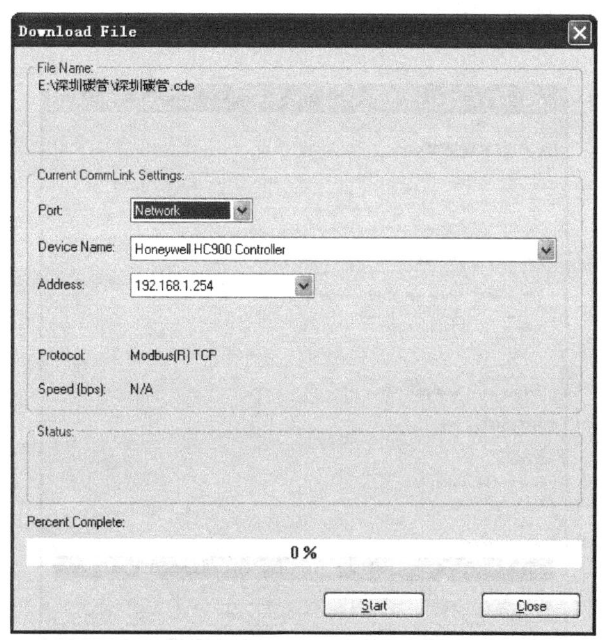

图 4.3　单击 Download 后页面

（4）单击 Start 后出现下图窗口（图 4.4）。

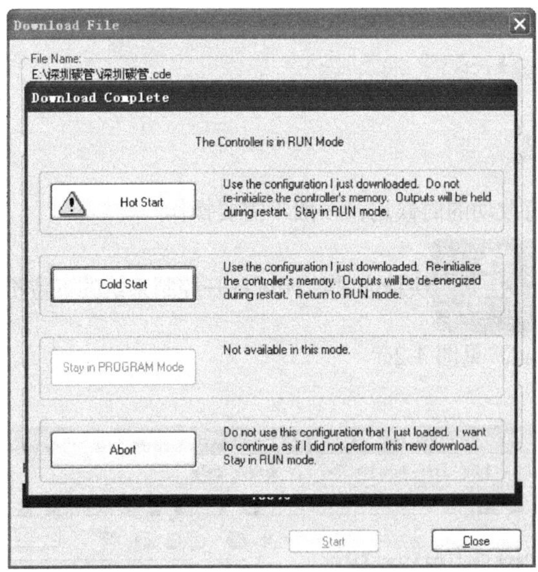

图 4.4　单击 Start 后出现的窗口

如果是断电后第一次给控制器通电启动，则单击 Cold Start，如果是设备运行过程中，则单击 Hot Start。

启动后将出现如下画面（图 4.5）

Download File

File Name:
E:\深圳破管\深圳破管.cde

Current CommLink Settings:

Port: Network

Device Name: Honeywell HC900 Controller

Address: 192.168.1.254

Protocol: Modbus(R) TCP

Speed (bps): N/A

Status:
Download succeeded

Percent Complete:
100 %

Start　Close

图 4.5　单击 Hot Start 后出现的页面

单击 Close 就可以把控制器启动起来，关闭窗口或者最小化窗口。

2. 启动控制界面（上位机）

（1）双击桌面上快捷方式，即可进入控制显示界面。

（2）双击桌面上快捷方式，将打开如下界面（图 4.6），单击界面上的“运行”菜单，即可进入控制界面。

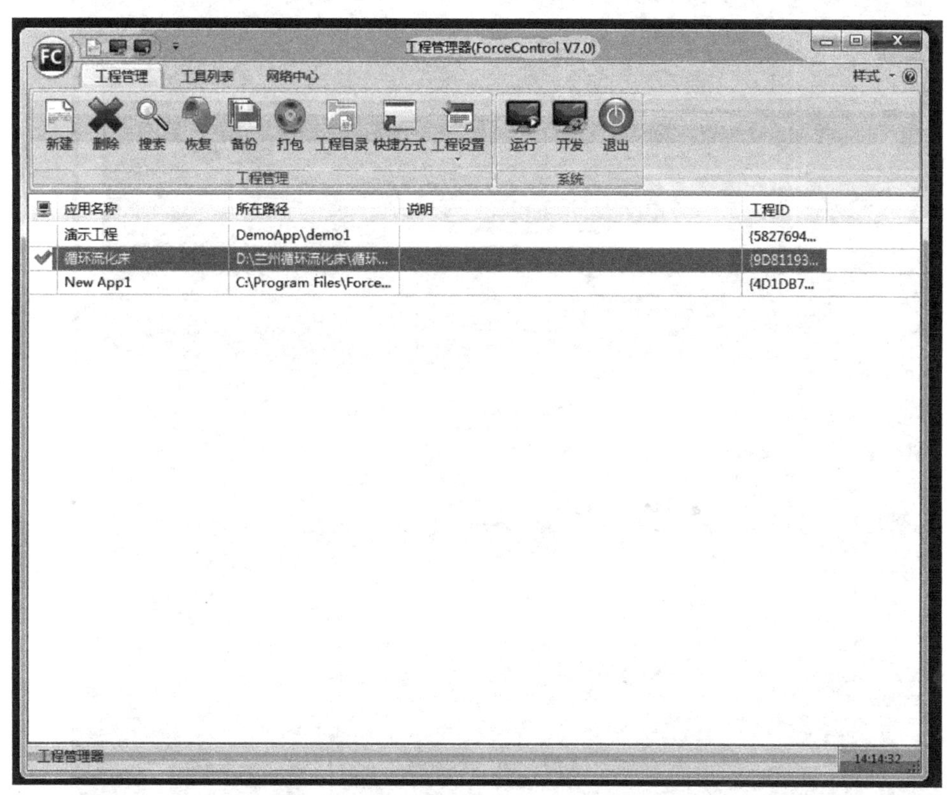

图 4.6　双击桌面“力控”出现的界面

二、控制界面的操作

1. 系统流程界面

程序启动后，主流程画面将显示在计算机屏幕上。如图 4.7 所示（见彩插）。

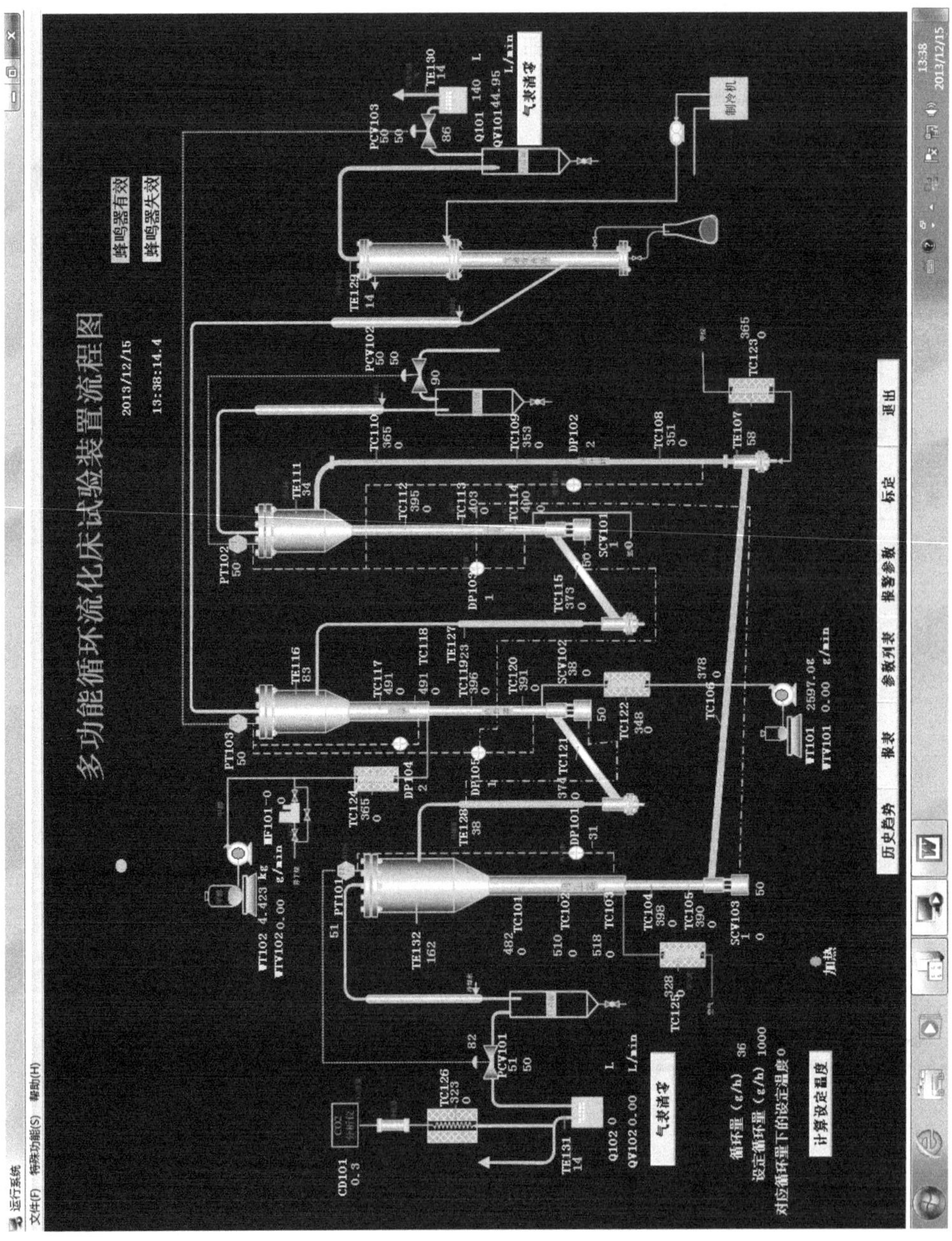

图 4.7 系统主流程界面（见彩插）

主流程画面介绍：画面上显示了主要流程，压力、流量、温度等的位号及测量值与设定值。其中各测量点的位号显示为黄色字体，测量值为绿色字体，设定值为青色字体，阀的开度为紫色字体。

（1）修改设定值　单击青色字体可以弹出设定值对话框，在对话框中输入目标值，即可完成改变设定值。

（2）修改控制器参数　带有控制的测量点单击黄色位号，将弹出对应控制器的参数界面，以TC117为例，单击位号，将弹出如下界面［图4.8（a）］。

界面上只显示了设定值、检测值及输出值，如果要改变控制器的PID参数，单击界面上的“参数整定”就会显示PID参数的当前值，单击数值可修改其数值。见图4.8(b)。

（3）气表清零　气表的数据如果不清零，将一直累积。如果数据大到一定程度，就会不方便计算，这时可对气表进行清零操作，单击界面上对应气表附近的 气表清零 按钮，可实现对应气表的清零。

（4）加热启停　单击界面上加热上方的按钮，如图 加热 ，将弹出加热操作确认窗口，如图4.9所示。

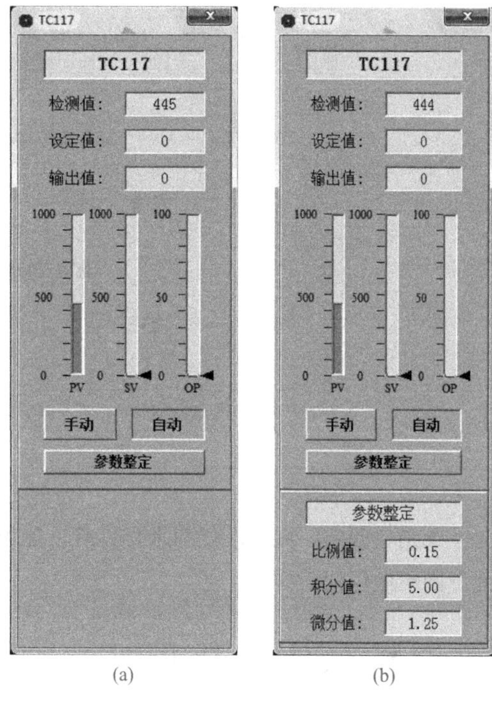

(a)　(b)

图4.8　TC117参数界面

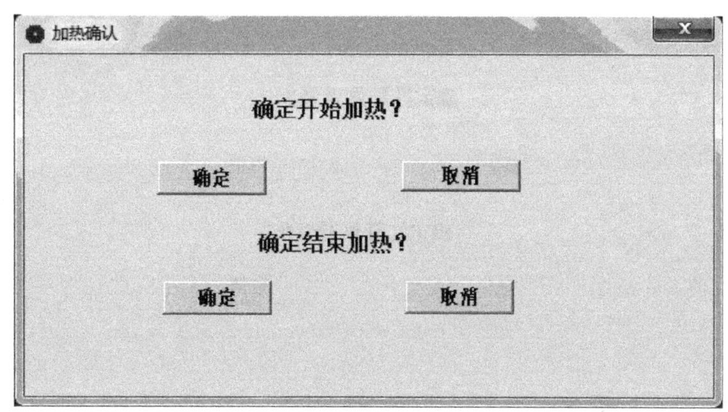

图4.9　加热操作确认窗口

单击“确定”加热则交流接触器吸合，系统开始加热；如果单击“确定”结束加热则交流接触器断开，系统停止加热；单击“取消”则不做任何动作。

(5) 水泵的启停　单击水泵上的按钮，如图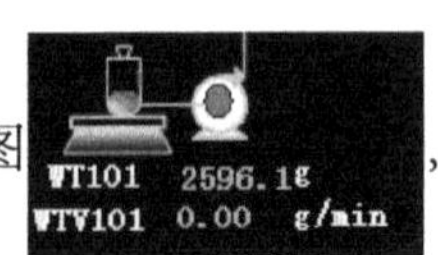

，将弹出水泵操作确认窗口，如图 4.10 所示：

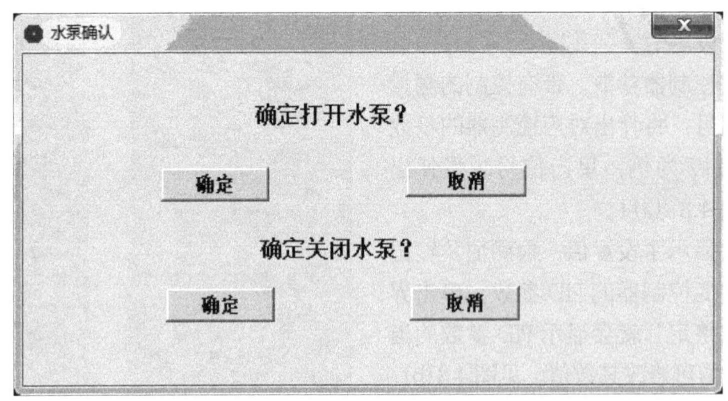

图 4.10　水泵操作确认窗口

单击“确定”打开水泵则水泵打开；如果单击“确定”关闭水泵则水泵关闭；单击“取消”则不做任何动作。

(6) 原料泵的启停　单击原料泵上的按钮，如图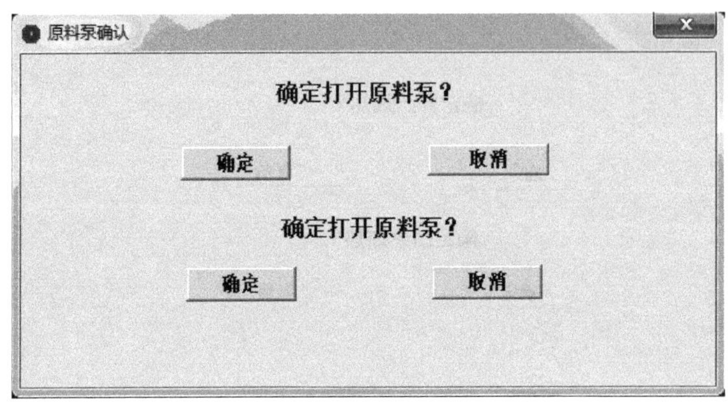

，将弹出原料泵操作确认窗口，如图 4.11 所示：

图 4.11　原料泵操作确认窗口

单击“确定”打开原料泵则原料泵打开；如果单击“确定”关闭原料泵则原料泵关闭；单击“取消”则不做任何动作。

(7) 报警指示　界面的左上方有三个指示灯，黄色表示高限报警，当系统有高限报警时，黄灯将闪烁，红色表示高高限报警，当系统有高高限报警时，红灯将闪烁，绿色表示正常运行。界面右上方有蜂鸣器功能的按钮，如果蜂鸣器有效按钮为绿色则表示蜂鸣器有效，系统一旦有报警发生，蜂鸣器将发出声音，如果“蜂鸣器失效”按钮为红色，则表示蜂鸣器无效，即使系统有报警，蜂鸣器也不发出声音。

2. 系统操作按钮

如图 4.12 所示，系统操作包含历史趋势、报表、参数列表、报警参数、标定及退出。

图 4.12　系统操作按钮

(1) 历史趋势　单击界面上的“历史趋势”按钮，将弹出各参数历史趋势的分组窗口，如图 4.13 所示。

图 4.13　各参数历史趋势的分组窗口

单击各分组对应的按钮，将显示对应参数的历史趋势及实时趋势，以预热炉与尾气为例，单击“预热炉与尾气”按钮，将弹出如下窗口（图 4.14）。

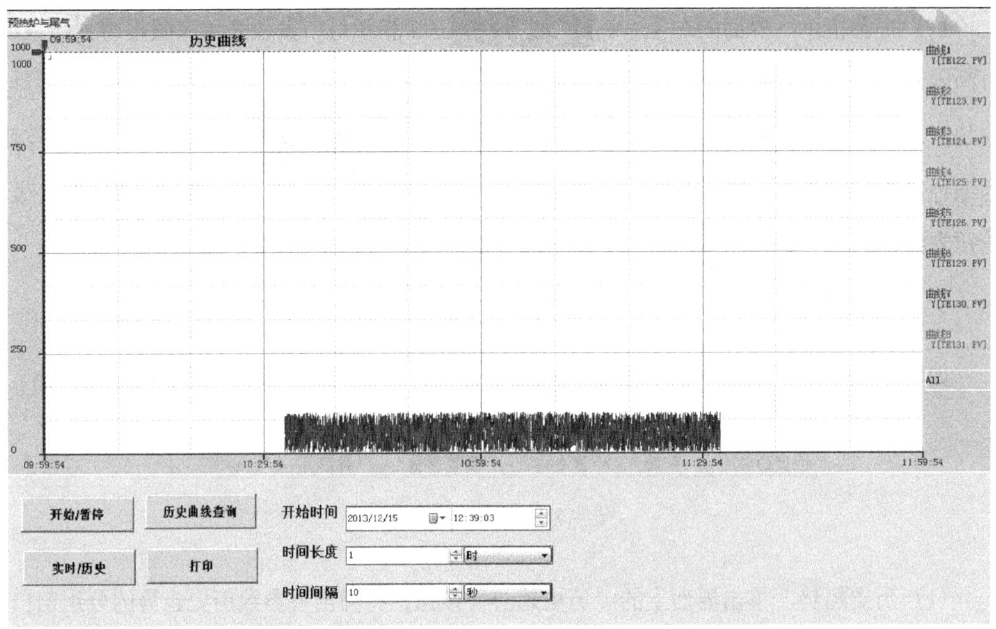

图 4.14　预热炉与尾气的历史趋势与实时趋势窗口

系统打开显示的曲线为系统曲线不是实际测量值，单击界面上的“历史查询”按钮，则显示从此刻到一小时前的所有数据，如图 4.15 所示。

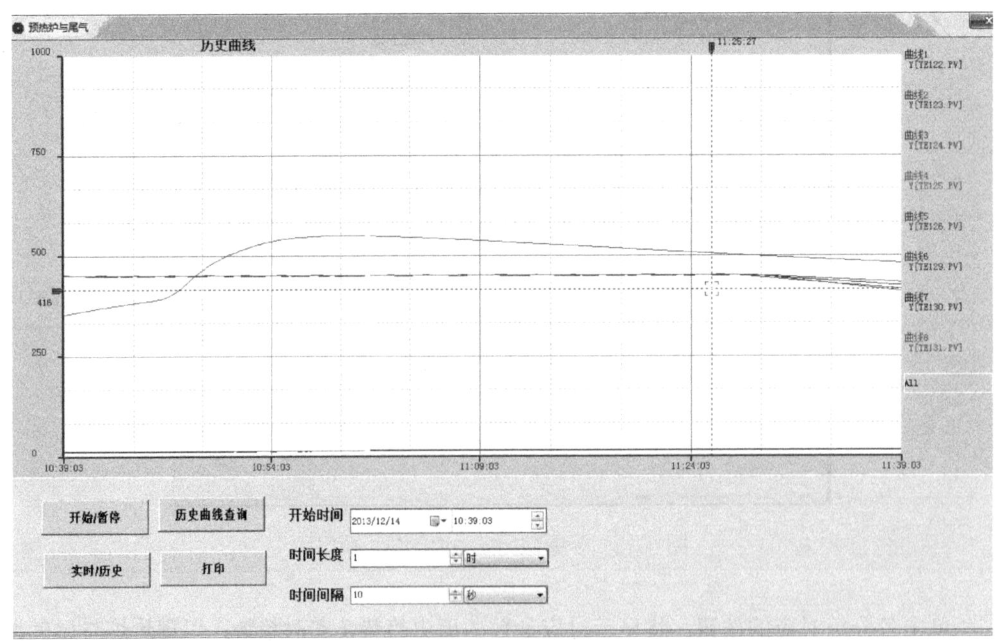

图 4.15　历史曲线此刻到一小时前的所有数据窗口

如果要看更长时间的历史曲线则对右侧的“开始时间”“时间长度”及“时间间隔”进行设置，然后单击“历史查询”则显示所设定时间的历史趋势，默认显示格式为所有曲线同时显示。如果只看一条曲线的趋势，则单击右侧的曲线名称，可实现单一曲线的显示，如图 4.16 所示。

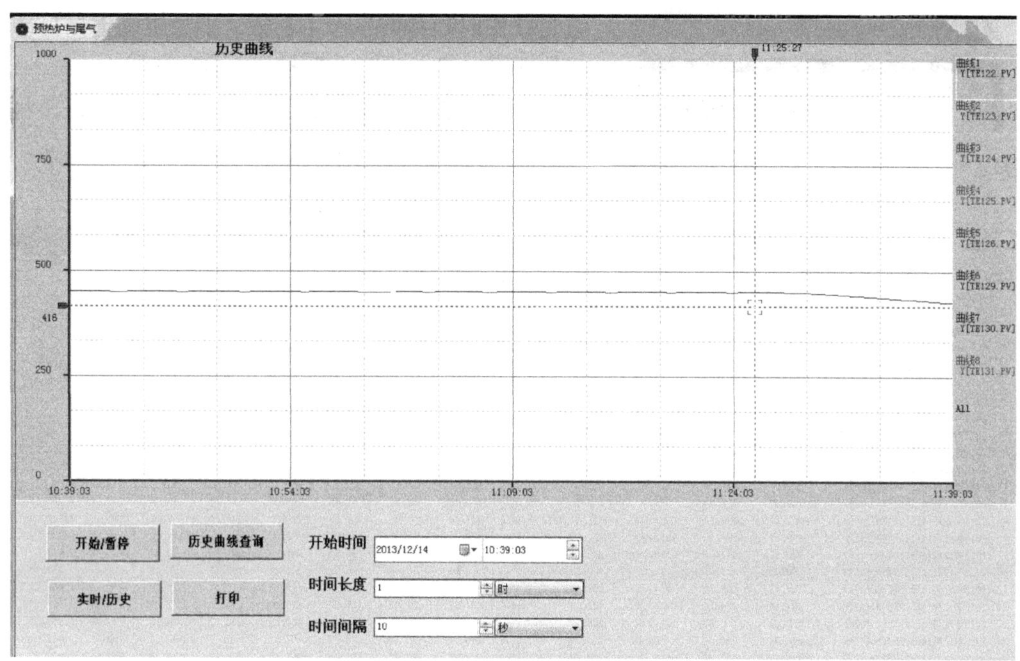

图 4.16　单一曲线的历史趋势窗口

曲线默认的数值范围为 0 ～ 1000，如果想让坐标范围改变可以双击白色底面，打开如下界面（图 4.17）进行改变。

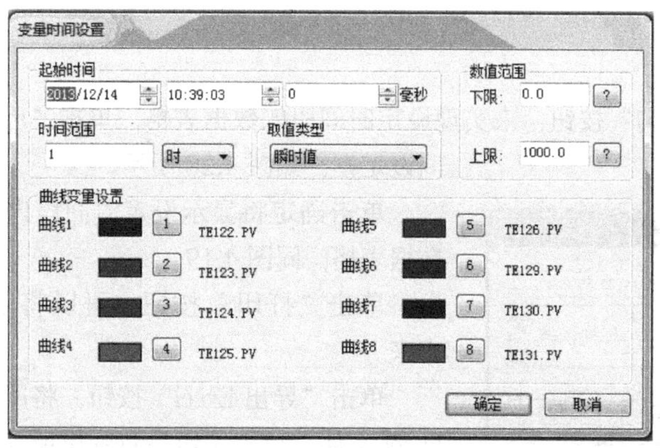

图 4.17　变量时间设置界面

单击“实时/历史”按钮，进行实时趋势与历史趋势的切换，页面上方显示当前显示的是实时趋势还是历史趋势，如图 4.18 所示。

如果是“实时曲线”则时间从当前开始显示，如果要长时间观察实时趋势则将页面拖到主页面的底部，不可关闭页面，否则再次打开时，曲线将从打开的时间开始显示。“开始、暂停”按钮只有在实时趋势的状态下有效，如果电脑连接打印机的话可以单击“打印 ”按钮，打印曲线。

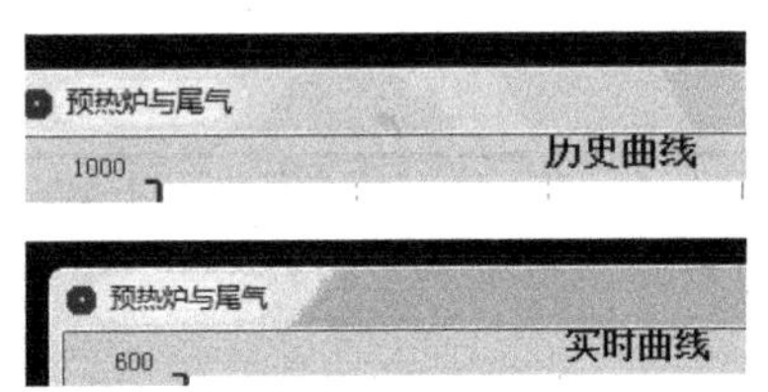

图 4.18　实时趋势与历史趋势显示界面

（2）报表　单击主界面上的“报表”按钮，将弹出报表查询窗口，如图 4.19 所示。

报表窗口

	A	B	C	D	E	F	G	H	I	J	K	L	M	N
1	时间	TE101	TE102	TE103	TE104	TE105	TE106	TE107	TE108	TE109	TE110	TE111	TE112	TE113
2	2013年12月14日13时45分42秒	-9999.00	-9999.00	-9999.00	-9999.00	-9999.00	-9999.00	-9999.00	-9999.00	-9999.00	-9999.00	-9999.00	-9999.00	-9999.00
3	2013年12月14日13时50分42秒	-9999.00	-9999.00	-9999.00	-9999.00	-9999.00	-9999.00	-9999.00	-9999.00	-9999.00	-9999.00	-9999.00	-9999.00	-9999.00
4	2013年12月14日13时55分42秒	-9999.00	-9999.00	-9999.00	-9999.00	-9999.00	-9999.00	-9999.00	-9999.00	-9999.00	-9999.00	-9999.00	-9999.00	-9999.00
5	2013年12月14日14时00分42秒	-9999.00	-9999.00	-9999.00	-9999.00	-9999.00	-9999.00	-9999.00	-9999.00	-9999.00	-9999.00	-9999.00	-9999.00	-9999.00
6	2013年12月14日14时05分42秒	-9999.00	-9999.00	-9999.00	-9999.00	-9999.00	-9999.00	-9999.00	-9999.00	-9999.00	-9999.00	-9999.00	-9999.00	-9999.00
7	2013年12月14日14时10分42秒	382.58	384.19	379.40	365.50	359.55	394.04	63.62	401.61	400.53	408.44	28.91	409.60	413.39
8	2013年12月14日14时15分42秒	384.27	388.89	382.27	385.15	379.01	421.13	64.23	410.87	412.68	418.03	29.01	424.57	426.59
9	2013年12月14日14时20分42秒	-9999.00	-9999.00	-9999.00	-9999.00	-9999.00	-9999.00	-9999.00	-9999.00	-9999.00	-9999.00	-9999.00	-9999.00	-9999.00
10	2013年12月14日14时25分42秒	404.84	415.75	404.03	416.48	415.78	473.16	65.09	428.42	425.01	430.53	30.08	450.22	453.42
11	2013年12月14日14时30分42秒	408.11	421.22	407.73	416.80	417.95	464.44	67.64	422.48	423.25	429.91	34.45	450.39	454.96
12	2013年12月14日14时35分42秒	-9999.00	-9999.00	-9999.00	-9999.00	-9999.00	-9999.00	-9999.00	-9999.00	-9999.00	-9999.00	-9999.00	-9999.00	-9999.00
13	2013年12月14日14时40分42秒	409.01	424.36	406.69	413.73	411.23	463.48	69.24	416.84	413.01	421.80	30.94	444.28	450.14
14	2013年12月14日14时45分42秒	407.62	423.87	405.00	410.25	406.32	458.83	69.51	412.52	407.83	417.64	30.64	440.02	446.36
15	2013年12月14日14时50分42秒	-9999.00	-9999.00	-9999.00	-9999.00	-9999.00	-9999.00	-9999.00	-9999.00	-9999.00	-9999.00	-9999.00	-9999.00	-9999.00
16	2013年12月14日14时55分42秒	-9999.00	-9999.00	-9999.00	-9999.00	-9999.00	-9999.00	-9999.00	-9999.00	-9999.00	-9999.00	-9999.00	-9999.00	-9999.00
17	2013年12月14日15时00分42秒	399.10	418.48	397.05	397.01	389.69	439.95	70.48	397.52	391.96	403.85	30.36	425.12	432.38
18	2013年12月14日15时05分42秒	396.95	417.69	395.23	400.84	390.93	442.59	70.80	396.02	392.42	403.21	30.49	424.81	431.82
19	2013年12月14日15时10分42秒	404.39	429.54	404.53	430.10	421.40	478.01	71.25	411.94	410.60	418.68	30.59	450.52	454.59
20	2013年12月14日15时15分42秒	423.68	454.20	425.14	469.40	465.99	489.67	71.60	437.23	435.90	440.73	30.60	474.31	474.16
21	2013年12月14日15时20分42秒	450.38	480.87	452.45	486.49	489.09	490.09	71.89	464.65	461.35	462.72	30.95	480.19	480.37
22	2013年12月14日15时25分42秒	478.96	495.80	480.58	491.39	494.09	486.33	72.26	474.76	467.92	469.10	31.06	480.22	481.04
23	2013年12月14日15时30分42秒	495.42	503.60	495.18	490.77	492.27	480.53	72.48	474.49	466.43	469.19	31.26	477.56	478.73
24	2013年12月14日15时35分42秒	502.73	507.65	501.05	487.28	487.48	473.77	72.82	470.54	462.07	466.72	31.33	473.48	474.87
25	2013年12月14日15时40分42秒	504.59	509.38	502.52	482.60	481.41	467.03	73.19	465.26	456.93	463.05	31.44	468.66	470.22
26	2013年12月14日15时45分42秒	503.73	509.45	501.58	477.08	474.64	460.24	73.55	459.38	452.24	458.82	31.53	463.53	465.26
27	2013年12月14日15时50分42秒	501.26	508.33	499.50	471.38	467.68	454.33	73.92	453.75	450.56	454.35	31.61	458.21	460.22

第1页

历史查询　打印　导出Excel

图 4.19　报表查询窗口

单击“历史查询”按钮，来实现设定时间段的数据表格，单击“历史查询”将弹出时间设定框，如图 4.20 所示。

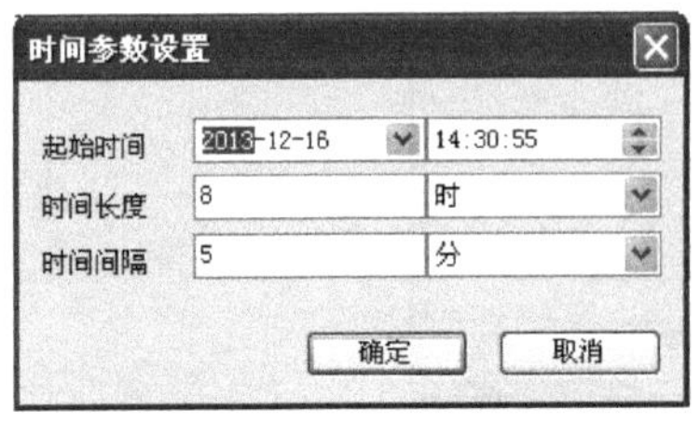

图 4.20　时间设定框

单击确定将显示设定时间段内，相应时间间隔的数据表格，同图 4.19。

单击“打印”按钮，可以将所显示的内容打印出来。

单击“导出 Excel”按钮，将所显示的表格保存为 Excel 文件，单击按钮后将弹出所存文件的保存名称与保存路径如图 4.21 所示：

图 4.21　文件的保存名称与保存路径界面

保存名称为 20131214.xls，单击保存，再打开路径可以发现文件已经保存到了所选路径下。

(3) 参数列表　单击界面上的“参数列表”按钮，可以打开温度设定值的参数列表窗口，如图 4.22 所示：

单击黄色区域的数值进行温度设定值的修改。

(4) 报警参数　单击界面上的“报警参数”按钮，可以打开报警参数设定值的窗口，如图 4.23 所示：

单击黄色区域与棕色区域的数值，修改对应的高限及高高限的数值。

(5) 标定　系统在第一次运行的情况下，催化剂的循环量是多少没有概念，需要进行标定。在标定时首先应该使三个塞阀在自动运行状态下，系统循环稳定，且保持二反料面有加大值的稳定情况下，可对系统循环量进行标定，单击主界面上的“标定”按钮，将弹出标定界面，如图 4.24 所示。

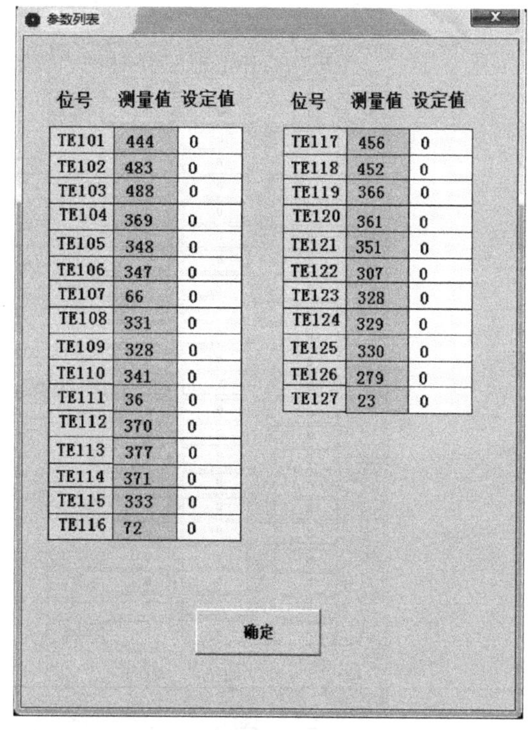

图 4.22　温度设定值的参数列表

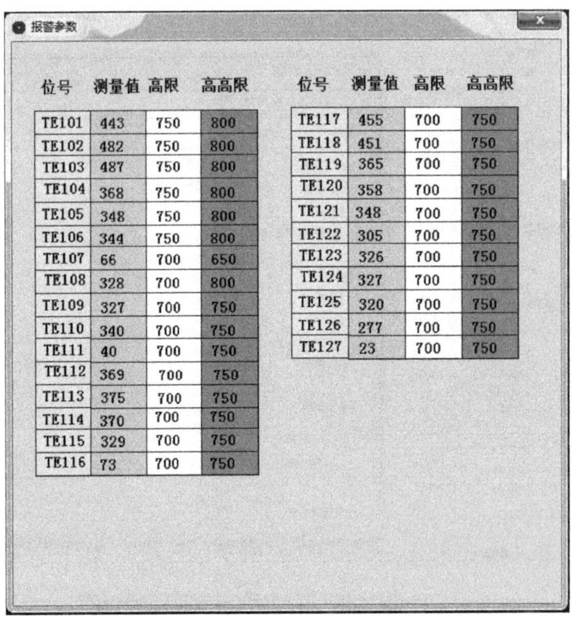

报警参数

位号	测量值	高限	高高限	位号	测量值	高限	高高限
TE101	443	750	800	TE117	455	700	750
TE102	482	750	800	TE118	451	700	750
TE103	487	750	800	TE119	365	700	750
TE104	368	750	800	TE120	358	700	750
TE105	348	750	800	TE121	348	700	750
TE106	344	750	800	TE122	305	700	750
TE107	66	700	650	TE123	326	700	750
TE108	328	700	800	TE124	327	700	750
TE109	327	700	750	TE125	320	700	750
TE110	340	700	750	TE126	277	700	750
TE111	40	700	750	TE127	23	700	750
TE112	369	700	750				
TE113	375	700	750				
TE114	370	700	750				
TE115	329	700	750				
TE116	73	700	750				

图 4.23　报警参数设定值窗口

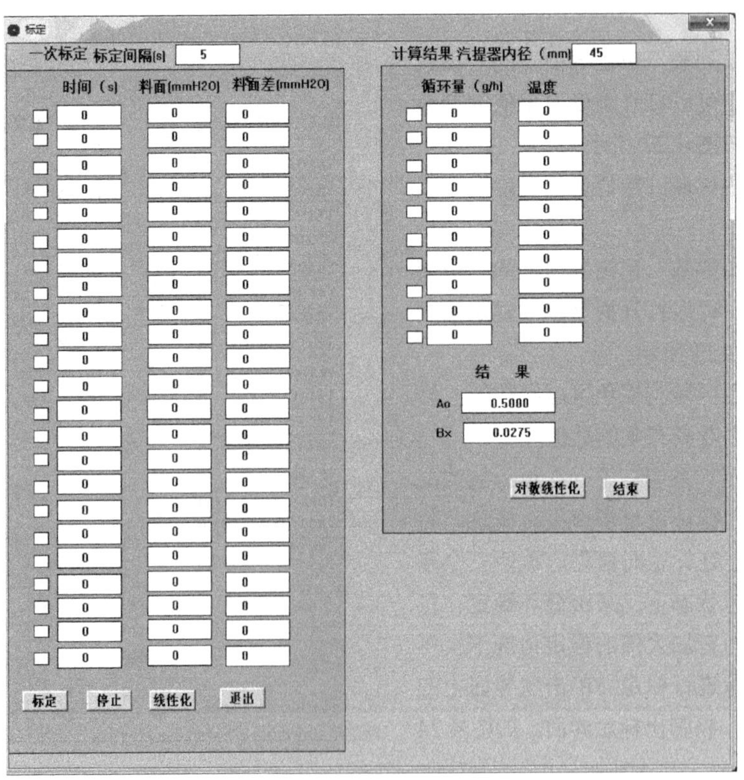

图 4.24　系统循环量标定界面

单击标定窗口中的“标定”按钮，系统程序将关闭一反塞阀，待塞阀与再塞阀保持自动运行状态，此时二反料面将逐渐减小，标定程序将以页面上标定间隔的数值来进行数据采集，默认为每隔 5 秒采集一次数据，标定页面上将记录下采集数据时的时间及二反料面的值，并计算出标定间隔时间内的料面差。系统默认采集 23 组数据，也可以根据料面情况提前停止采集数据。数据采集结束后，将显示如下窗口（图 4.25）。

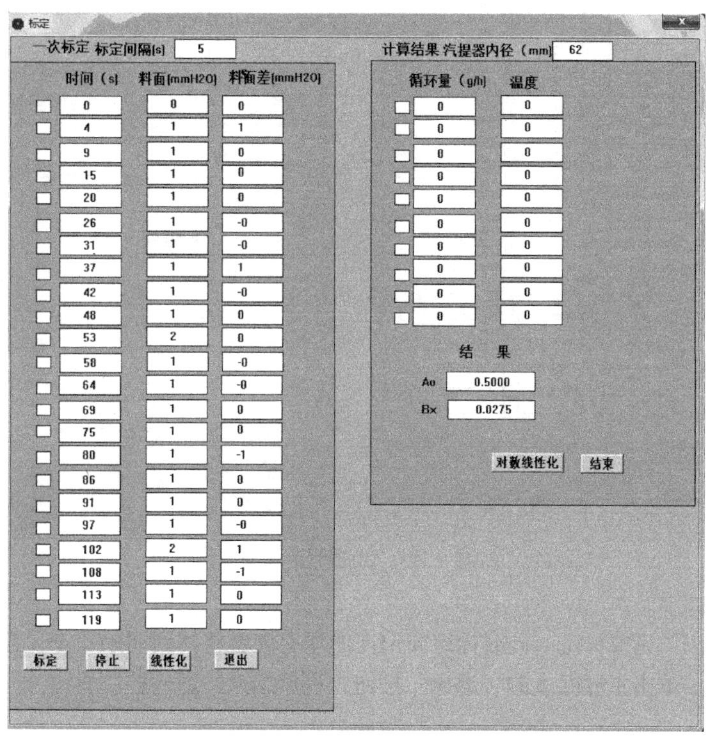

图 4.25 数据采集结束后窗口

因为数据采集为瞬时值，而料面也是不断变化的，所以采集的数据中可能有些数据明显对计算无效，此时需要人为选择参与计算的数据，单击每组数据前的“方框”可实现数据的选择与取消，如图 4.26 所示。

选出有效数据后，单击“线性化”，则可以计算出在这个稳定状态下，对应的待输稳定下的循环量，并自动将第一次标定的数据写入右侧循环量与温度的对应区域内。

单击“退出”将完成一次标定，然后将一反塞阀改为自动控制状态，并对其设定值进行设置，待系统再次达到稳定时，再进行第二次标定。再次单击“标定”后进入标定程序时，标定窗口中右侧循环量与温度的值将写入第二行，如此进行几次标定后，可以得到一组循环量与温度的对应关系的数据，然后选中有效数据后单击对数线性化，将得出循环量与温度对应关系的系数。温度 T 与循环量 Q 的关系式为:

$$\lg Q=B_xT+A_0$$

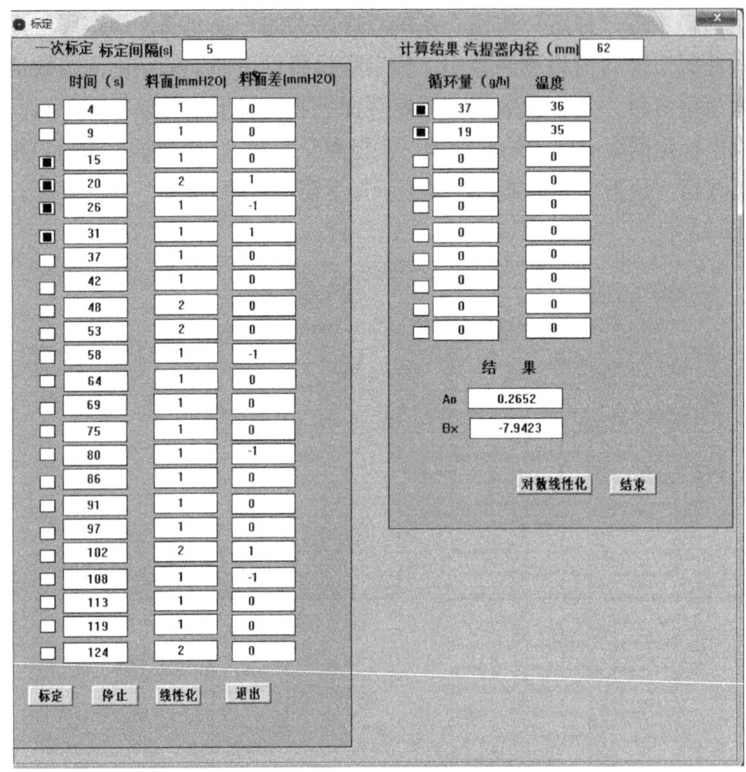

图 4.26 数据标定界面

单击“结束”完成标定，同时标定窗口上的所有内容将回到初始状态，全部为 0。

（6）退出 单击主界面上的“退出”按钮，程序结束，退出控制界面。

三、注意事项

（1）该计算机为专用计算机，禁止在计算机上玩游戏，禁止在计算机上运行其他程序和软件，否则机器染上病毒，程序就不能运行，耽误试验。

（2）计算机的电源插座及反应装置应有良好的接地，否则容易损坏计算机的通信接口。在检修电热丝时，一定要断开加热交流接触器或该路的开关和保险丝。防止被电击。

（3）仪表盘上每个控制回路有一个指示灯，应经常观察。在正常控制温度情况下，指示灯应该以 2 秒周期闪烁。如果指示灯恒亮，一定是温度控制出了问题，应根据上述情况加以处理。

（4）当停止试验时，应断开控制柜的三相电源。

（5）控制箱内的模块种类和位置是固定的，更换模块时，一定使用相同的模块插在原来的位置。

（6）控制系统计算机的网址是：192.168.1.11 ；子网掩码：255.255.255.0；控制器的

IP 地址为默认：192.168.1.254，一定不要改变计算机的网址。

（7）交换机与控制柜相连的网线是直通网线，两端都是：

橙白，橙，绿白，蓝，蓝白，绿，棕白，棕。

如果网线损坏，更换时不要弄错。

项目三　催化裂化产品的分析测试及数据处理

任务 1　催化裂化气体产品的分析

在催化裂化试验标定过程中，采集到的裂化气采用气相色谱分析方法测定各物质的组成及含量。

一、任务目的

（1）FCC 裂化气分析是对催化裂化试验的裂化气产物进行组成分析的必要工作，目的是测定裂化气体产物的组成及其分布，为催化裂化试验的物料衡算提供可靠的数据。

（2）了解 FCC 裂化气气相色谱分析的原理，基本掌握裂化气分析的方法。

（3）学会色谱数据的处理方法。

二、分析原理

采用 HP-AL/KCL 石英毛细管柱分析裂化气中的小分子烃类组成，N_2 作载气，氢火焰离子化检测器（FID），峰面积采用相对摩尔校正因子归一化法进行定量计算。H_2 含量分析采用 Φ3mm×0.5mm，长为 3m 的 5A 分子筛填充不锈钢色谱柱，以 N_2 作载气，用热导检测器 (TCD)，外标法定量。N_2 含量分析采用 Φ3mm×0.5mm，长为 3m 的 5A 分子筛填充不锈钢色谱柱，以 H_2 作载气，用热导检测器 (TCD)，外标法定量。

三、仪器及药品

1. 仪器与材料

（1）北京分析仪器厂 SP3420 气相色谱仪，内装 HP-AL/KCL 石英毛细管柱。天美 7890 II气相色谱仪，内装 5A 分子筛填充柱。北京分析仪器厂 SP-2305 气相色谱仪，内装 5A 分子筛填充柱。

（2）色谱数据工作站。

2. 试验用气体

（1）高纯 N_2、H_2 和空气，分别用作 SP3420 和天美 7890 Ⅱ气相色谱仪的载气、燃气和助燃气。

（2）裂化气标准气，烟气标准气。

（3）裂化气和烟气试样取自小型催化裂化反应试验。

四、分析步骤

（1）用专用气袋分别取原料油催化裂化试验过程中产生的裂化气和烟气样品。

（2）分别按各台色谱仪的操作规程和操作条件开启各台色谱仪、设置操作条件，并接通色谱数据工作站。

（3）待色谱仪稳定后，在 SP3420 气相色谱仪的 HP-AL/KCL 石英毛细管柱上分析裂化气中的小分子烃类组成，在天美 7890 Ⅱ气相色谱仪的 5A 柱上分析裂化气中的 H_2、N_2 含量。

（4）在对应色谱柱上，进行外标定实验。

五、实验数据处理

对裂化气中 N_2 和 H_2 的定量计算，可用 N_2、H_2 外标法。

按下式计算裂化气的烃类组成：

$$X_i=(A_iF_i/\sum A_iF_i)\times C$$

式中　X_i——i 组分摩尔分数，%；

A_i——i 组分峰面积；

F_i——i 组分的摩尔校正因子（表 4.11）；

C——裂化气中烃类的总含量（即 100% 减去非烃组分含量），以摩尔分数表示，%。

表 4.11　裂化气烃类组分摩尔校正因子

组　分	C_1^0	C_2^0	$C_{12}^=$	C_3^0	$C_3^=$	i-C_4^0	C_4^0
摩尔校正因子	4.17	2	2	1.33	1.37	1.00	1.00
组　分	n-$C_4^=$	反 $C_4^=$	i-$C_4^=$	i-C_5^0	顺 $C_4^=$	n-C_5^0	$>C_5$
摩尔校正因子	1.02	1.02	1.02	0.97	1.02	0.97	0.96

六、问题反思

（1）气相色谱分析所用的色谱柱（包括固定相和固定液）和检测器的种类及选用方法。定量分析的内标法和外标法的区别。

（2）谈谈你对目前裂化气和烟气分析实验方案的改进意见。可从实验的准确性、快捷性和自动化程度上考虑。

七、实验记录表

催化裂化气分析实验记录见表 4.12。

表 4.12　催化裂化气分析实验记录表

<table>
<tr><td colspan="2">实验项目</td><td colspan="4">FCC 裂化气分析</td></tr>
<tr><td colspan="2">实验时间</td><td></td><td>实验地点</td><td>实验组号</td><td></td></tr>
<tr><td colspan="2">学生班级</td><td colspan="4"></td></tr>
<tr><td colspan="2">学生姓名</td><td colspan="4"></td></tr>
<tr><td rowspan="2">序号</td><td colspan="2">组分</td><td rowspan="2">峰面积</td><td rowspan="2">FID 相对摩尔校正因子</td><td rowspan="2">含量 / %</td></tr>
<tr><td>代号</td><td>名称</td></tr>
<tr><td>1</td><td>C_1^0</td><td>甲烷</td><td></td><td></td><td></td></tr>
<tr><td>2</td><td>C_2^0</td><td>乙烷</td><td></td><td></td><td></td></tr>
<tr><td>3</td><td>$C_2^=$</td><td>乙烯</td><td></td><td></td><td></td></tr>
<tr><td>4</td><td>C_3^0</td><td>丙烷</td><td></td><td></td><td></td></tr>
<tr><td>5</td><td>$C_3^=$</td><td>丙烯</td><td></td><td></td><td></td></tr>
<tr><td>6</td><td>i-C_4^0</td><td>异丁烷</td><td></td><td></td><td></td></tr>
<tr><td>7</td><td>n-C_4^0</td><td>正丁烷</td><td></td><td></td><td></td></tr>
<tr><td>8</td><td>反 $C_4^=$</td><td>反丁烯</td><td></td><td></td><td></td></tr>
<tr><td>9</td><td>n-$C_4^=$</td><td>1- 丁烯</td><td></td><td></td><td></td></tr>
<tr><td>10</td><td>i-$C_4^=$</td><td>异丁烯</td><td></td><td></td><td></td></tr>
<tr><td>11</td><td>顺 $C_4^=$</td><td>顺丁烯</td><td></td><td></td><td></td></tr>
<tr><td>12</td><td>i-C_5^0</td><td>异戊烷</td><td></td><td></td><td></td></tr>
<tr><td>13</td><td>n-C_5^0</td><td>正戊烷</td><td></td><td></td><td></td></tr>
<tr><td>14</td><td>C_5^+</td><td>> C_5 的烃</td><td></td><td></td><td></td></tr>
<tr><td colspan="5">H_2（外标）</td><td></td></tr>
<tr><td colspan="5">N_2（外标）</td><td></td></tr>
<tr><td colspan="6">指导教师签字:</td></tr>
</table>

任务 2　催化裂化液体产品的分析

在催化裂化试验的标定过程中，收集到的生成油样通过模拟蒸馏实验装置和实沸点蒸馏装置进行馏分切割。相关内容见学习情境 4。

创新训练

催化裂化试验数据计算

试验数据的处理可通过以下计算进行:

一、焦炭产率的计算

$$C = \frac{V_{烟气}(U_{CO} + U_{CO_2}) \times 12}{22.4 \times W \times 1000 \times 1.09}$$

式中 C——焦炭产率，%;

$V_{烟气}$——标定时间内所计量的烟气总量，L;

U_{CO}——标定时间内对烟气实时分析，烟气中一氧化碳的体积分数，%;

U_{CO_2}——标定时间内对烟气实时分析，烟气中二氧化碳的体积分数，%;

W——标定时间内的进油总量，kg。

二、裂化气及其各组分产率的计算

（1）已知分子量数据如下:

$M_1[H_2] = 2.016$　$M_2[Air(N_2)] = 27$　$M_3[CH_4] = 16.042$

$M_4[C_2^{=}] = 28.052$　$M_5[C_2^{0}] = 30.368$　$M_6[C_3^{0}] = 44.094$

$M_7[C_3^{=}] = 42.072$　$M_8[i\text{-}C_4^{0}] = 58.120$

$M_9[n\text{-}C_4^{0}] = 58.120$　$M_{10}[\text{反 } C_4^{=-2}] = 56.104$　$M_{11}[i\text{-}C_4^{=-1}] = 56.104$

$M_{12}[n\text{-}C_4^{=-1}] = 56.104$　$M_{13}[\text{顺 } C_4^{=-2}] = 56.104$　$M_{14}[n\text{-}C_5^{0}] = 72.146$

$M_{15}[i\text{-}C_5^{0}] = 72.146$　$M_{16}[C_{5+}] = 72$

（2）各组分的产率:

$$W_i = \frac{V_{0裂化气} A_i M_i}{22.4 \times W \times 1090}$$

式中 $V_{0裂化气}$——标定时间内所计量的裂化气总量，L;

A_i——标定时间内采样分析的裂化气各组分的体积分数，%;

M_i——各组分分子量;

W——标定时间内的进油总量，kg。

总 C_2 的产率: $B_2 = W_4 + W_5$

总 C_3 的产率: $B_3 = W_6 + W_7$

总 C_4 的产率：$B_4 = W_8 + W_9 + W_{10} + W_{11} + W_{12} + W_{13}$

裂化气(小于等于 C_4)的产率：$B_5 = W_1 + W_3 + B_2 + B_3 + B_4$

三、液体产品产率的计算

$$G_{汽油}=\frac{W'}{W}\times K_{汽油}+W_{14}+W_{15}+W_{16}$$

式中 $G_{汽油}$——汽油的产率，%；

W'——标定生成油的质量，kg；

W——标定的总进油量，kg；

$K_{汽油}$——分析液体生成油中汽油的质量分数，%。

$$G_{柴油}=\frac{W'}{W}\times K_{柴油}$$

式中 $K_{柴油}$——分析生成油中的柴油质量分数，%。

$G_{柴油}$——柴油的产率，%。

$$G_{重油}=\frac{W'}{W}\times K_{重油}$$

式中 $K_{重油}$——分析生成油中重油质量分数，%。

$G_{重油}$——重油的产率，%。

四、损失的计算

$$损失=(1-G_{汽油}-G_{柴油}-G_{重油}-B_5-C)\times 100\%$$

五、转化率的计算

$$转化率=(1-G_{柴油}-G_{重油})\times 100\%$$

六、轻油转化率的计算

$$轻油转化率=(G_{汽油}+G_{柴油})\times 100\%$$

七、提升管催化裂化试验记录表

提升管催化裂化试验记录如表 4.13 所示。

表 4.13　提升管催化裂化试验记录表

提升温度/℃			再生器温度/℃					沉降器温度/℃			原料油预热温度/℃	原料炉温度/℃	汽提炉温度/℃	压力/MPa		
														沉顶	再顶	
提底	提中	提顶	斜管	再下		再上		沉顶	汽提	待斜						
													催化剂加入量/kg		原料泵转速/(r/min)	
提升管压差/mmH_2O	两器顶压差/mmH_2O	汽提段压差/mmH_2O	雾化水重/(g/min)		汽提水重/(g/min)			再斜松动/h	预提升/h	待生松动/h	气升/h	主风量/(m^3/h)				
标定时间	数据/项目	进料量/kg	油气量/L	烟表/L		生成油/kg		定碳/%		液体产品分析/%（质量分数）			烟气/%（体积分数）			
	初值					总重		待生剂		项目/仪器	色谱	实沸点	CO			
	终值					瓶+盖		再生剂		汽油			CO_2			
										柴油			N_2			
	净值					净重		碳差		重油			O_2			
													损失	转化率	轻油收率	剂油比
装置	液体		产品产率/%			裂化气		汽油		柴油	重油 1	重油 2				
收率/%	气体					(≤C4)		(30～204℃)		(204～330℃)	(330～500℃)	(>500℃)				
	焦炭		单产													
	总计		总产													

拓展提升

催化裂化技术进展

M4.5 催化裂化技术进展

我国的原油产量逐渐提升，而其中的稠油所占比例也在逐渐增加。未来对 催化裂化（FCC）影响较大的主要有以下几个因素，其中包含原油的价钱、环境保护的需要以及燃料新规格的发展。环保法的实施和来自炼油效益的压力，大大地推动了FCC技术的变革，FCC需要解决的问题也变得复杂化和多样化，FCC新工艺及其相关技术仍在不断涌现。

1. 渣油催化裂化技术进展

（1）Iso Cat降焦炭产率工艺

Petrobras（巴西石油公司）开发的Iso Cat工艺的特点是将经冷却器降温后的冷却催化剂送入提升管底部，与直接从再生器来的热催化剂混合，然后进入提升管与原料油接触反应。其好处主要有：①降低催化剂和油接触时的温度，减少热反应，降低干气和焦炭产率；②提高原料预热温度，有利于大分子的汽化；③提高剂油比，增强催化反应，提高重油转化率。采用这种工艺后，Petrobras可加工残炭8%～10%的环烷基常压渣油。

（2）RICP双向组合工艺

中国石油化工股份有限公司石油化工科学研究院（RIPP）开发的渣油加氢重油催化裂化双向组合工艺——RICP技术，是为了弥补传统的渣油加氢原料中必须添加减压馏分油（VGO）的不足并改善渣油催化裂化（RFCC）产品分布而研发的。此技术的创新点是：将FCC装置的回炼油在加氢装置与FCC装置间进行大循环操作，这对渣油加氢装置和RFCC装置的操作性能均能带来改善，并将渣油最大限度加工为轻质油品。2006年5月9日在中国石油化工股份有限公司齐鲁分公司进行了RICP组合工艺首次工业试验。

学习情境4

2. 生产清洁燃料的 FCC 技术进展

（1）CGP 增产丙烯技术

中国石油化工股份有限公司石油化工科学研究院（RIPP）在多产异构烷烃的 FCC 工艺（多产异构化烷烃）MIP 基础上，开发了汽油组分满足欧Ⅲ排放标准并增产丙烯的 CGP 工艺。该工艺以重质油为原料，采用由串联提升管反应器构成的新型反应系统，第一反应区以裂化反应为主，原料油在该区内一次裂化反应深度增加，从而生成更多的富含烯烃的汽油和富含丙烯的液化石油气；第二反应区以氢转移反应和异构化反应为主，适度二次裂化反应。在二次裂化反应和氢转移反应双重作用下，汽油中的烯烃转化为丙烯和异构烷烃。

（2）FDFCC- Ⅲ灵活多效催化裂化工艺

中国石化集团洛阳石油化工工程公司开发的 FDFCC- Ⅲ（灵活多效催化裂化）工艺是在 FDFCC- Ⅰ工艺基础上，将温度相对较低、剩余活性较高的汽油提升管待生催化剂输送至重油提升管底部与再生催化剂混合，提高重油提升管的剂油比，降低油剂瞬时接触温度，强化催化反应，抑制热裂化反应，实现降低干气和焦炭产率、提高丙烯收率、改善产品分布的目的。

（3）TSRFCC 两段串联提升管工艺

中国石油大学（华东）开发成功的两段串联提升管 FCC 工艺 (TSRFCC)，与单段 FCC 工艺相比，具有催化剂接力反应、分段反应、短反应时间以及大剂油比操作等特点，可以降低 FCC 汽油烯烃含量并可以提高轻质油收率。

3. 多产低碳烯烃的 FCC 技术进展

（1）DCC 技术

中国石油化工股份有限公司石油化工科学研究院（RIPP）开发的深度催化裂解 (DCC) 工艺是常规 FCC 向石油化工延伸的典范。该技术采用含改性择形沸石催化剂和提升管加密相流化床反应器，在高反应温度、低烃分压、高剂油比和长停留时间下操作，加工石蜡基原料时的丙烯产率达到 23% 左右。

（2）PetroFCC 技术

UOP 公司的 PePtroFCC 工艺是一种双提升管共用一个再生器的结构，达到高裂解深度的催化裂化工艺，是以 RxCat 技术（降低干气和焦炭的技术）为基础，采用高反应温度和高剂油比操作，裂解深度提高，丙烯增产；采用第二提升管进行 FCC 汽油回炼，进一步增产丙烯；使用高 ZSM-5 含量助剂，裂化汽油成丙烯。RxCat 技术采用部分待生催化剂循环与高温再生催化剂在位于提升管底部的 MxR 混合箱内混合，可以降低油剂接触温度，减少热裂化。其丙烯和丙烷总产率可以由常规 FCC 工艺的 6% 提高到 21.5%。

4. 降低 FCC 装置烟气污染物排放的技术进展

控制 SO_x 排放的技术有原料油脱硫、烟气净化和硫转移助剂，这些技术可以单独使用也可以组合使用。

控制 FCC 再生烟气中 NO_x 排放的方法可分为三大类：一是 FCC 装置硬件的改造，如采用新型再生系统；二是后处理技术；三是使用 NO_x 还原添加剂。

通过改进催化剂的耐磨性能及粒径分布、改进旋风分离器效率以及使用三级分离器（TSS）和静电除尘（ESP）等技术，颗粒物的排放可以得到有效控制。

双语环节

Catalytic cracking is a process that breaks down the larger, heavier, and more complex hydrocarbon molecules into simpler and lighter molecules by the action of heat and aided by the presence of a catalyst but without the addition of hydrogen.The atmospheric and vacuum crude unit gas oils and coker gas oil are used as feedstocks for the catalytic cracking or hydrocracking units. Heavy oils are converted into lighter products such as liquefied petroleum gas (LPG), gasoline, and middle distillate components. Catalytic cracking processes fresh feeds and recycle feeds.The unsaturated catalytic cracking products are saturated and improved in quality by hydrotreating or reforming. Fluid catalytic cracking is the most widely used secondary conversion process technology.

催化裂化工艺是在非临氢、热作用和催化剂辅助下将较大、较重的复杂烃类分子分解成较轻的简单分子的过程。常减压蒸馏装置的减压蜡油和焦化蜡油用作催化裂化或加氢裂化装置原料。重油被转化成较轻的产品，如液化石油气（LPG）、汽油和中间馏分。催化裂化装置加工新鲜原料和回炼油，利用加氢处理和重整来饱和并提高不饱和催化裂化产品的质量，流化催化裂化是应用最广泛的二次转化工艺技术。

考核评价

为了准确地评价本课程的教学质量和学生学习效果，对本课程的各个环节进行考核，以便对学生的评价公正、准确。考核评价模式见图 4.27。

综合考虑任务目标、教学目标和具体学习活动实施情况，整个评价过程分为课前、课中和课后3个阶段。课前考评个人学习笔记，考查个人原理知识预习情况；课中考评小组工作方案制定及汇报、个人工艺原理测试、个人技能水平和操作规范、个人职业素质和团队协作精神，创新训练环节是试验数据分析及处理；课后考评个人生产实训总结报告（催化裂化试验装置实训报告见工作手册资料部分）。并且设计10分附加分，作为学生学习进步分，每天考核成绩有进步的同学都能不同程度获得进步分，进步分最高为10分，以形成激励效应。

生产实训结束后，由企业导师和实训教师根据实训考核标准，对每位同学进行考核，评出优、良、中、及格、不及格五个等级。

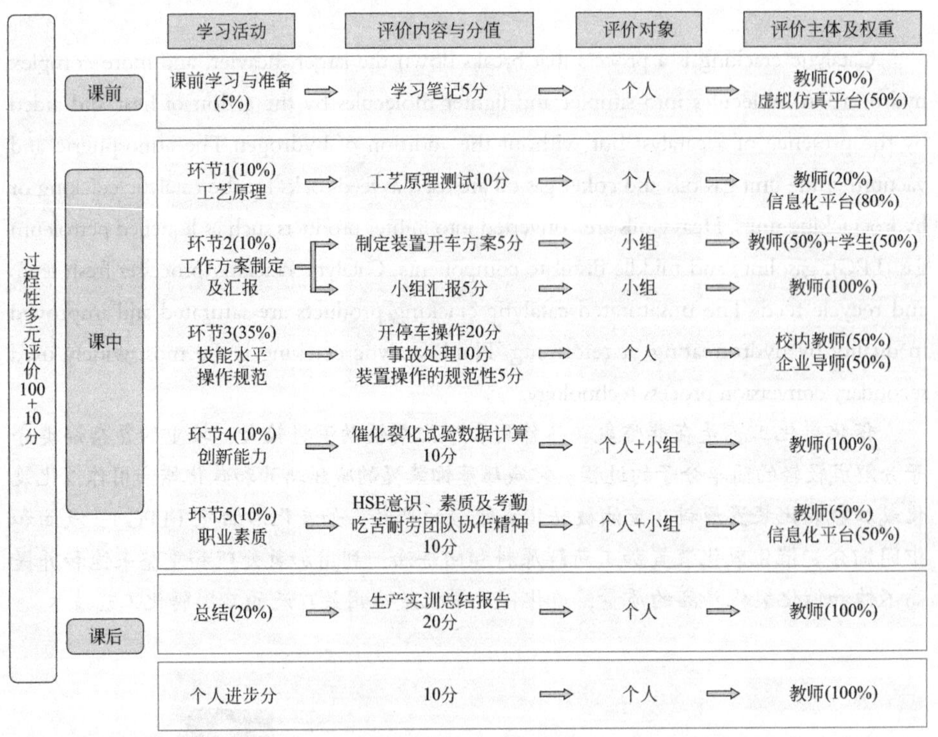

图4.27 考核评价模式

学习情境4工作手册资料包

工作手册资料

催化裂化试验装置实训报告

1 岗位工艺部分

1.1 装置概况

1.1.1 装置简介

1.1.2 装置构成

1.1.3 装置功能

1.1.4 设计特点

1.2 工艺原理

1.3 工艺流程说明

1.4 工艺流程图

1.5 主要工艺参数及控制指标

1.6 主要设备

2 岗位操作部分

2.1 实训基本任务

2.2 岗位成员及分工

2.3 岗位开车准备

2.4 岗位正常开车步骤

2.5 岗位停车操作步骤

2.6 岗位操作典型事故处理

3 催化裂化气体产品分析

3.1 催化裂化试验数据处理

3.2 催化裂化气体分析

4 岗位安全环保操作部分

4.1 岗位技术安全条例

4.2 岗位安全操作要求

4.3 危险化学品的特性

4.4 岗位劳动保护及劳动环境的安全要求

5 心得体会

参考文献

[1] 李鹏哲．我国催化裂化工艺技术研究现状及发展趋势 [J]. 石化技术 ,2019(10):17.

[2] 孟刚．渣油催化裂化技术进展 [J]. 科技创新与应用 ,2012(23):12-13.

[3] 闫建军．重油催化裂化工艺的新进展 [J]. 化工设计通讯 ,2018,44(01):116.

[4] 侯丁，杨延粉．烯烃催化裂解增产丙烯技术进展研究 [J]. 化工管理 ,2017(27):135.

[5] 韩伟，谭亚南，何霖，等．增产丙烯技术及其研究进展 [J]. 能源化工 , 2014, 35(06): 19-23.

[6] 麦克德莫特国际公司开发的 OCT 转化技术可增产丙烯 [J]. 石油炼制与化工 , 2019, 50(09):115.

[7] 盖金祥，林春阳，刘天波，等 .FDFCC- Ⅲ灵活多效催化裂化工艺的工业应用 [J]. 炼油技术与工程 , 2009,39(05): 19-22.

[8] 葛营，杨林，邴生彬，等．催化裂化新工艺发展现状 [J]. 石油工程建设 ,2019,45(05): 1-4+11.

[9] 黄海军．两段提升管催化裂解多产丙烯研究 [J]. 石化技术 ,2018,25(06):44.

[10] 蔡建崇，万涛．增强型催化裂解技术 (DCC-PLUS) 的工业应用 [J]. 石油炼制与化工 , 2019, 50(11):16-20.

[11] 王梦瑶，周嘉文，任天华，等．催化裂化多产丙烯 [J]. 化工进展 ,2015,34(06):1619-1624.

[12] 杨智．催化裂化装置再生烟气污染物排放治理 [J]. 石油石化节能 ,2019,9(09): 49-51+12.

[13] Gary J H, Handwork G E, Kaiser M J. Petroleum Refining Technology and Economics [M]. 5th ed. London: Taylor & Francis Group,2007.

学习情境 5 柴油加氢装置实训

学习目标

一、能力目标

(1) 能讲述柴油加氢装置的工艺流程;

(2) 能识图和绘制工艺流程图，识别常见设备的图形标识;

(3) 能进行计算机 DCS 控制系统的台面操作;

(4) 会进行柴油加氢装置开车操作和停车操作;

(5) 会监控装置正常运行时的工艺参数;

(6) 通过 DCS 操作界面和现场异常现象，能及时判断异常工况;

(7) 会分析发生异常工况的原因，并对异常工况进行处理。

二、知识目标

(1) 了解柴油加氢生产过程的作用和地位、发展趋势及新技术;

(2) 熟悉本柴油加氢装置与炼油厂柴油加氢生产过程的异同点，以及原料特点;

(3) 掌握柴油加氢的生产原理和特点;

(4) 熟悉装置的生产工序和设备的标识;

(5) 了解柴油加氢装置工艺流程和操作影响因素;

(6) 初步掌握柴油加氢装置开车操作、停车操作的方法，以及考核评价标准;

(7) 掌握一定量的专业英语词汇和常用术语;

(8) 了解生产时的公用工程，以及环保和安全生产常识。

三、素质目标

(1) 具有吃苦耐劳、爱岗敬业、严谨细致的职业素养；

(2) 服从管理、乐于奉献、有责任心，有较强的团队精神；

(3) 能独立使用各种媒介完成学习任务，具有自理、自立和自主学习的能力，以及解决问题的能力；

(4) 能反思、改进工作过程，能运用专业词汇与同学、老师讨论工作过程中的各种问题；

(5) 能内外操通畅配合，具有较强的沟通和语言表达能力；

(6) 具有自我评价和评价他人的能力；

(7) 具有创业意识和创新精神，初步具备创新能力。

实训任务

利用柴油加氢装置内外操协作，懂得加氢精制装置的生产流程与原理，会装置的DCS操作并对异常工况进行分析和处理，本项目所针对的工作内容主要是对柴油加氢装置的操作与控制，具体包括：柴油加氢装置工艺流程、工艺参数的调节、开车和停车操作、事故处理等环节，提升分析和解决石油化工生产中常见的实际问题的能力。

以4～6位学生为小组，根据任务要求，查阅相关资料，制订并讲解工作计划，完成装置操作，分析和处理操作过程中遇到的异常情况，撰写生产实训总结报告。

项目设置

项目一　柴油加氢装置工艺技术规程

任务1　认识柴油加氢装置

随着雾霾现象的加重，以及国家对燃料油油品质量要求的不断提高，全国大部分地区对汽油、柴油和航煤的标准也不断提高，而原油的重质化和劣质化，导致二次加工的柴油，比如催化裂化柴油，含有相当多的硫、氮及烯烃物质，油品质量差，安定性不好。柴油中含有的硫化物使油品燃烧性能变差、气缸积炭增加、机械磨损加剧、腐蚀设备和严重污染大气。

随着汽车使用量的增加，汽车尾气对人类的生存和发展构成了严重威胁，为了改善柴油油品质量，提高空气质量，减少汽车尾气排放的污染物，保护汽车发动机，降低燃油消耗，必须对不合格的柴油进行加氢改质处理。

M5.1 加氢处理概述

加氢精制技术在石油加工中的应用范围，几乎涵盖了石油炼制过程中的大部分石油产品，是现代石油炼制工业的重要加工过程之一，是提升石油产品质量和生产优质石油产品及化工原料的主要手段。

一、柴油加氢装置简介

本套装置以工业上柴油加氢装置流程为工艺基础，采用水和空气替代真实物料运行，配置上有先进的仿真系统、DCS 系统、自动考核评分系统。因此，本装置也称柴油加氢实物仿真装置，整套装置包含反应器类、工业炉类、机泵类、容器类、塔器类及换热器类等六种类型，共 36 台设备。设备主体采用落地安装，装置的布局、设备安装、管道安装，均采用工厂化设计与施工，局部设置 2 层操作平台。全系统按反应区、分馏区、罐区分块化布局，便于操作。

M5.2 柴油加氢装置简介

二、装置组成

整个装置分为反应工段、分馏工段、压缩机工段及公用工程部分。

反应工段主要包括两个反应器，两个反应器可以串联使用、单独使用、用一备一，反应器的加热炉采用工业上方形加热炉；分馏工段使用工业上圆筒形重沸炉形式，使用重沸炉泵强制循环，分馏塔使用玻璃视盅，便于操作者观察精馏塔板操作状态；压缩机工段包含新氢压缩机、循环氢压缩机、新氢缓冲罐及循环氢缓冲罐等设备；公用工程部分包含仪表空气压缩机、压缩气体干燥系统、工艺气体压缩机、工艺液体的配制及回收系统。

三、装置特点

装置运行物料安全、环保、运行成本低廉，设备主体采用落地安装，装置布局、设备安装、管道安装，均采用工厂化设计与施工，局部设置 2 层操作平台。全系统按照实际工业分块化布局，便于操作。先进的仿真系统、DCS 系统、自动考核评分系统已经在“中石油柴油加氢大赛”中得到成功应用。

1. 设备特点

涵盖工业加氢生产装置中所有的主体设备，重点配置有两台加氢反应器，其可以串联进行加氢及精制，也可以使用单台反应器，另一台反应器作为备用，反应器采用 2 层床层形式。分馏塔的一块筛板采用玻璃视盅进行可视化设计制作，有利于观察精馏过程中气液两相接触状态。

2. 物料特点

装置采取全流程模拟物料运行，运行物料安全、环保，物料来源方便，可循环使用，运行成本低。

3. 控制系统特点

(1) 采用 DCS 控制系统，配备标准工业柜机，可进行 DCS 组态与控制实验，具有系统信号联锁保护功能，当工艺设备出现超压、超温等异常状况时，系统可及时报警并自动安全停车，对温度、压力、流量等参数进行控制。

(2) 调节阀选用工业上的标准气动调节阀，系统对仪表测量信号进行处理，DCS 仪表上显示数据和工业上的柴油加氢装置真实操作数据基本相符。

(3) 装置可以进行手动控制和自动控制，实时显示过程数据，工控柜接入 DCS 系统，进行 DCS 控制。

4. 操作特点

装置操作过程完全真实，设备运行过程中分为内操和外操，操作过程和工业现场一致。

5. 考评特点

装置配有评分说明及自动评分系统，整体装置对操作者的操作步骤、控制精度、故障处理等全过程进行自动评分 (其中手阀带有阀位信号反馈器，操作者对手动阀门的操作可以及时反馈至 DCS 系统)。保证考核过程的公正、公平、合理。

四、装置功能

(1) 能完整体现石化行业中典型的柴油加氢精制工艺过程培训，工艺过程由加氢反应系统和反应产物分馏系统两部分组成。

（2）能培训柴油加氢实物仿真装置的开车过程、正常运行、停车过程及事故处理过程。

（3）能完成生产操作人员的技能培训，如开车培训、在岗人员技能培训、转岗人员与新入厂人员的技能培训。

（4）能进行柴油加氢装置的安全培训和事故处理培训，能模拟柴油加氢装置生产中的典型事故，生产操作人员能按照事故处理流程进行事故处理的训练。

五、设计特点

1. 原料安全环保

由于氢气的爆炸极限宽，引爆能量低，是一种危险性非常高的介质，因此在实训装置上使用不合适。拟采用空气替代。

由于柴油是一种易燃、有气味的液体，因此在实训装置这一非防爆区使用也存在危险性。拟采用水替代。确保生产实训环境安全、环保。并且物料可以重复利用，降低设备的运行费用。

2. 数据贴近工业标准

为保证设备在常压下运行，避免因超压引起的爆炸隐患。拟确定实训装置系统压力不超过 0.12MPa，同时控制装置的温度不超过 140℃。

为实现装置操作数值与工业上真实值相匹配，将 DCS 信号按不同比例放大后反映到主显示屏上，使工艺参数与实际装置相符。

任务 2　熟悉柴油加氢装置工艺原理及过程

一、柴油加氢精制反应原理

加氢精制是在一定的温度、压力、氢油比和空速条件下，借助加氢精制催化剂的作用，把油品中的杂质（即硫、氮、氧化物以及重金属等）转化成为相应的烃类及易于除去的 H_2S、NH_3 和 H_2O 而脱除，金属则截留在催化剂中。同时烯烃、芳烃得到加氢饱和，从而制得安定性、燃烧性都较好的优质产品。

M5.3 加氢处理化学反应

1. 加氢脱硫反应

在加氢原料中硫化物的存在形态是多种多样的。轻馏分中的硫化物如硫醚、硫醇、二硫醇是非常容易被脱除转化为 H_2S 的。原料重馏分中的硫化物如杂环含硫化物及苯并噻吩类硫化物是较难被脱除的。各种类型硫化物的脱硫反应方程式如下：

硫醇：　$RSH + H_2 \longrightarrow RH + H_2S$

硫醚：　$RSR' + H_2 \longrightarrow R'SH + RH \longrightarrow R'H + RH + H_2S$

二硫化物：　$RSSR + H_2 \longrightarrow 2RSH \longrightarrow 2RH + H_2S$

噻吩：

$$\text{噻吩} \xrightarrow{2H_2} \text{四氢噻吩} \xrightarrow{H_2} C_4H_9SH \xrightarrow{H_2} C_4H_{10} + H_2S$$

硫醇、硫醚及二硫化物的加氢脱硫反应历程比较简单。硫醇中的 C—S 键断裂同时加氢即得烷烃及 H_2S。硫醚在加氢时先生成硫醇，然后再进一步脱硫。二硫化物在加氢条件下首先发生 S—S 键断裂反应生成硫醇，进而再脱硫。

噻吩及其衍生物由于其中硫杂环的芳香性，特别不易氢解，导致石油馏分中的噻吩硫要比非噻吩硫难以脱除得多。噻吩加氢时，首先是杂环上的双键加氢饱和，然后再开环（C—S 键断裂）脱硫生成硫醇最后生成烷烃和 H_2S。

硫化物的加氢反应活性按如下顺序递减：

硫醇 > 二硫化物 > 硫醚 > 噻吩类 > 苯并噻吩 > 二苯并噻吩

2. 加氢脱氮反应

加氢脱氮反应较加氢脱硫要更加困难。原料中的氮化物可以分为碱性氮化合物和非碱性氮化合物两类，非碱性氮化合物是指五元氮杂环的化合物（吡咯及其衍生物），其余的氮化物均为碱性氮化物，原料中氮化物的存在形式分为苯胺类、吡咯类、吡啶类、喹啉类。其脱氮反应方程式如下：

$$R—NH_2 + H_2 \longrightarrow RH + NH_3$$

$$RC{=}N + 3H_2 \longrightarrow RCH_3 + NH_3$$

吡啶类：

$$\text{吡啶} \xrightarrow{+3H_2} \text{哌啶} \xrightarrow{+H_2} C_5H_{11}N \xrightarrow{+H_2} C_5H_{12} + NH_3$$

喹啉类：

$$\text{喹啉} + 4H_2 \longleftarrow \text{丙苯} + NH_3$$

吡咯类：

$$\text{吡咯} + 4H_2 \longrightarrow \text{丁烷} + NH_3 \text{ 或 异丁烷} + NH_3$$

加氢脱氮反应一般是先进行加氢饱和，然后再进行氢解断键。

吡啶类和吡咯类含氮化合物的加氢脱氮反应的共同特点是其氮杂环首先加氢饱和，然后 C—N 键发生氢解反应生成胺类，最后再加氢脱氮生成烃类和氨。加氢脱氮反应速率的控制因素是加氢饱和反应的化学平衡。

3. 加氢脱氧反应

加氢原料中的含氧化合物含量远低于硫、氮化合物。氧化物的存在形式包括苯酚类、呋喃类、醚类、羧酸类。其脱氧反应方程式如下:

环烷酸类:

$$\text{(R, COOH取代的环烷)} \xrightarrow{3H_2} \text{(R, CH}_3\text{取代的环烷)} + 2H_2O$$

苯酚类:

$$\text{(邻甲基苯酚)} \xrightarrow{H_2} \text{(甲苯)} + H_2O$$

呋喃类:

$$\text{(呋喃)} \xrightarrow{4H_2} C_4H_{10} + H_2O$$

4. 烯烃、芳烃饱和反应

烯烃在加氢处理催化剂上的反应是很容易发生的，其反应速率很快并且是一个强放热反应。反应方程式如下:

链烯烃饱和:

$$\text{(己烯)} + H_2 \longrightarrow \text{(己烷)}$$

环烯烃饱和:

$$\text{(环己烯)} + H_2 \longrightarrow \text{(环己烷)}$$

芳烃饱和:

$$\text{(苯)} + 3H_2 \longrightarrow \text{(环己烷)}$$

5. 其他反应

在加氢处理过程中通常还会发生脱金属及脱氯反应。油品中的重金属有机化合物（如砷、铜、汞、铅等）在高温并有催化剂的作用下，与氢气和硫化氢反应生成金属的硫化物，然后被催化剂吸附脱除。

$$C_6H_5CH_2CH_2Cl + H_2 \longrightarrow C_6H_5CH_2CH_3 + HCl$$

$$HCl + NH_3 \longrightarrow NH_4Cl$$

$$R—M—R' \xrightarrow{H_2,H_2S} MS + RH + R'H$$

在加氢精制反应中，各类型反应的活性为：

脱金属 > 二烯烃饱和 > 脱硫 > 脱氧 > 单烯烃饱和 > 脱氮 > 芳烃饱和

二、加氢精制催化剂

一个热力学上可以进行的反应，由于某种物质的作用而改变了反应速率，在反应结束时此物质并不消耗，则此种物质称为催化剂，它对反应施加的作用称为催化作用。催化剂之所以能改变反应速率是因为催化剂的存在使反应改变了历程，从而改变了反应的活化能。催化剂不能改变化学平衡，只能改变平衡到达的速度。当催化剂和反应物不在同一相时称之为多相催化，在大多数多相催化的情况下，催化剂是固体，反应物是液体或气体。在加氢裂化过程中，催化剂是固相而反应物是气、液相。多相催化反应的步骤如下：

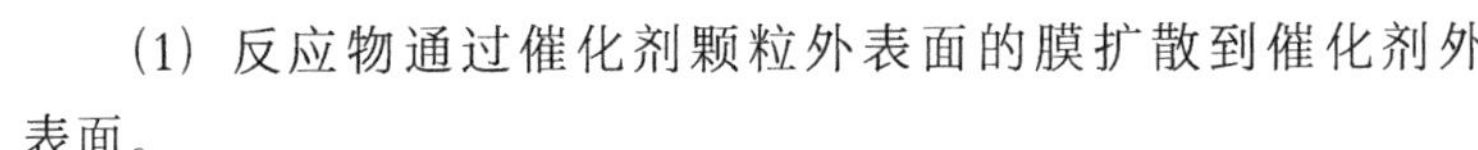

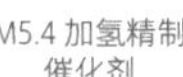

M5.4 加氢精制催化剂

（1）反应物通过催化剂颗粒外表面的膜扩散到催化剂外表面。

（2）反应物自催化剂外表面向内表面扩散。

（3）反应物在催化剂内表面上吸附。

（4）反应物在催化剂内表面上反应生成产物。

（5）产物在催化剂内表面上脱附。

（6）产物自催化剂内表面扩散到催化剂外表面。

（7）产物自催化剂外表面通过膜扩散到外部。

以上七个步骤可以归纳为外扩散、内扩散、吸附和反应四个阶段。如果其中某一阶段比其他阶段速率慢时，则整个反应速率取决于该阶段的速率，该阶段成为控制步骤。

加氢精制催化剂活性高，稳定性好，特别是加氢脱氮性能好。适应性强，对多种原料均能达到精制要求。芳烃饱和性能好，抗积炭能力强。

1. 加氢精制催化剂

加氢精制催化剂是以多孔性材料氧化铝作为载体，其活性组分有铂、钯、镍等金属和钨、钼、镍、钴的混合硫化物，它们对各类反应的活性顺序为：

加氢脱硫 Mo-Co> Mo-Ni> W-Ni> W-Co

加氢脱氮 W-Ni> Mo-Ni> Mo-Co> W-Co

加氢饱和 Pt-Pb> Ni>W-Ni> Mo-Ni> Mo-Co> W-Co

为了保证金属组分以硫化物的形式存在，在反应过程中需要一个最低比例的 H_2S 和 H_2 混合气分压，低于这个比例，催化剂活性会降低和逐渐丧失。

目前，国内柴油加氢精制技术已十分成熟，抚顺石油化工研究院研制开发的柴油深度加氢脱硫催化剂通过制备更大孔容和更高比表面积的新型改性氧化铝载体、对金属活性组分进行更为合理的匹配及负载方式研究等改进措施，使该催化剂的加氢脱硫脱氮以及芳烃饱和活性得到了大幅度的提高，可以满足生产硫含量 <10ppm（1ppm=0.001‰）满足国Ⅴ标准清洁柴油的需要。

2. 加氢保护剂

具有颗粒大、活性低的特点，可完成部分烯烃（尤其是二烯烃）加氢反应和脱残炭、脱金属反应，减少主催化剂上的积炭，从而保护主催化剂。

三、工艺流程说明

1. 反应部分

M5.5 加氢反应系统

来自罐区的原料油，经原料油缓冲罐液位调节阀 (LV-102) 调节控制送入装置，经原料油过滤器（SR-1）、原料油脱水罐（D-19）

至原料油缓冲罐（D-6）。原料油自 D-6 经高压原料油泵（P-1A/1B）升压，并加入混氢后经“混氢原料与反应产物换热器”（E-1）预热后，进入“反应器进料加热炉”（F-1）加热至反应所需温度(280 ～ 320℃)，最后进入“加氢反应器”(R-1)、(R-2)（其中 R-1、R-2 可以单独运行，也可以串联运行）在加氢精制催化剂作用下原料油进行加氢精制反应。加氢精制反应器设置两段催化剂床层，段间设置冷氢盘，以注入冷氢，控制反应温度。自“加氢反应器”出来的精制油粗产品，分别经过“混氢原料与反应产物换热器”(E-1)，“分馏塔进料与反应产物换热器”(E-2)，“反应产物后冷却器”(E-3) 冷却后，进入高压分离器（D-1）。

为了防止反应产物在换热过程中析出铵盐而堵塞管道和设备，将软化水自脱氧水储罐（D-8）用注水泵（P-5）抽出后分别送入 E-2 壳程和 E-3 进口管线中。

M5.6 高低压分离系统

在高压分离器（D-1）中，反应产物进行气、油、水三相分离。自 D-1 顶部出来的高分气，一部分作为循环氢，另一部分经压力控制排放量、系统压力和循环氢纯度，循环氢进入循环氢缓冲罐（D-3），经循环氢压缩机升压后循环使用。高压分离器（D-1）水相为含硫含氨污水，送至装置外污水汽提装置处理(污水储罐 V-112)。高压分离器（D-1）油相为加氢生成油，经调节阀降压后进入低压分离器（D-2）。在低压分离器中，生成油再进行油、气、水三相分离，低压分离器的低分气出装置，生成油送至分馏部分，底部污水排至含硫污水系统。

2. 分馏部分

M5.7 分馏系统

自低压分离器（D-2）来的生成油经“分馏塔进料与反应产物换热器”（E-2）预热，然后进入分馏塔（C-1）。分馏塔（C-1）轻相油气经“分馏塔顶后冷却器”（E-5）冷凝冷却后，进入“分馏塔顶回流罐”（D-4）。不凝气体即富气经放空阀 (PV-108) 送装置外焦化富气制氢装置，油相即粗汽油用分馏塔顶回流泵（P-2）将其一部分打到分馏塔（C-1）顶部作为回流，一部分粗汽油送至装置外(汽油储罐 V-109)。分馏塔（C-1）重相油由塔底部出来，一部分柴油产品经柴油产品泵（P-3）送至柴油产品后冷却器（E-10）冷却后出装置(柴油储罐 R-101)。另一部分经塔底循环泵（P-4）抽出送至“分馏塔底重沸炉”（F-2），加热后返回分馏塔向塔底提供热量，满足全塔热平衡要求。

3. 压缩机部分

装置外来的制氢、重整氢气作为本装置的新氢。新氢经进装置调节控制阀 (PV-001) 直接送入新氢缓冲罐（D-5），并经新氢压缩机（K-1）升压。升压后的高压氢分两路，一路作为本装置的补充新氢，一路经新氢压缩机返回阀 (PV-101) 返回新氢缓冲罐 (D-5)。

自循环氢缓冲罐（D-3）出来的循环氢经循环氢压缩机（K-2）升压后分为两路，一部分补入新氢后，再与原料油混合；一部分作为冷氢至加氢反应器 R-1、R-2 各催化剂床层。

4. 工艺原则流程图

工艺原则流程见图 5.1。

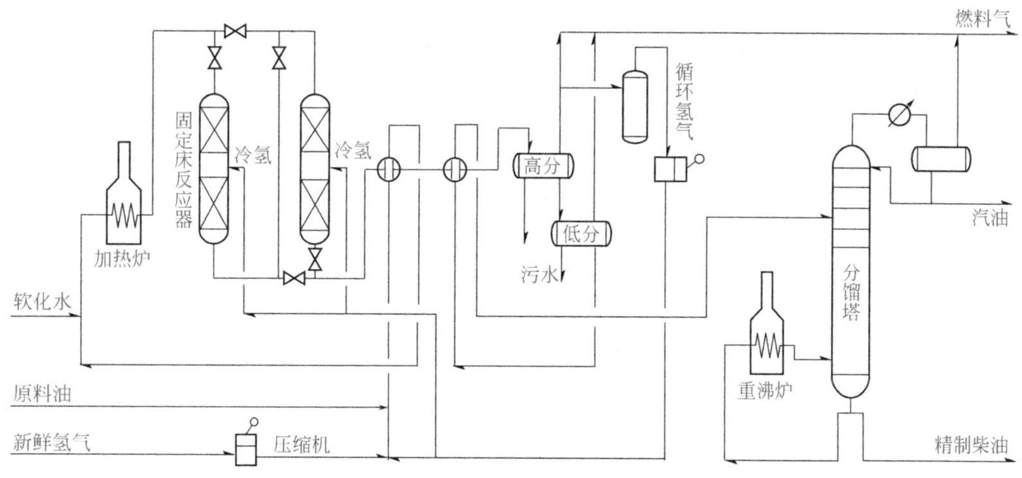

图 5.1　柴油加氢精制工艺原则流程图

5. 工艺控制流程图

工艺控制流程见图 5.2（见彩插）。

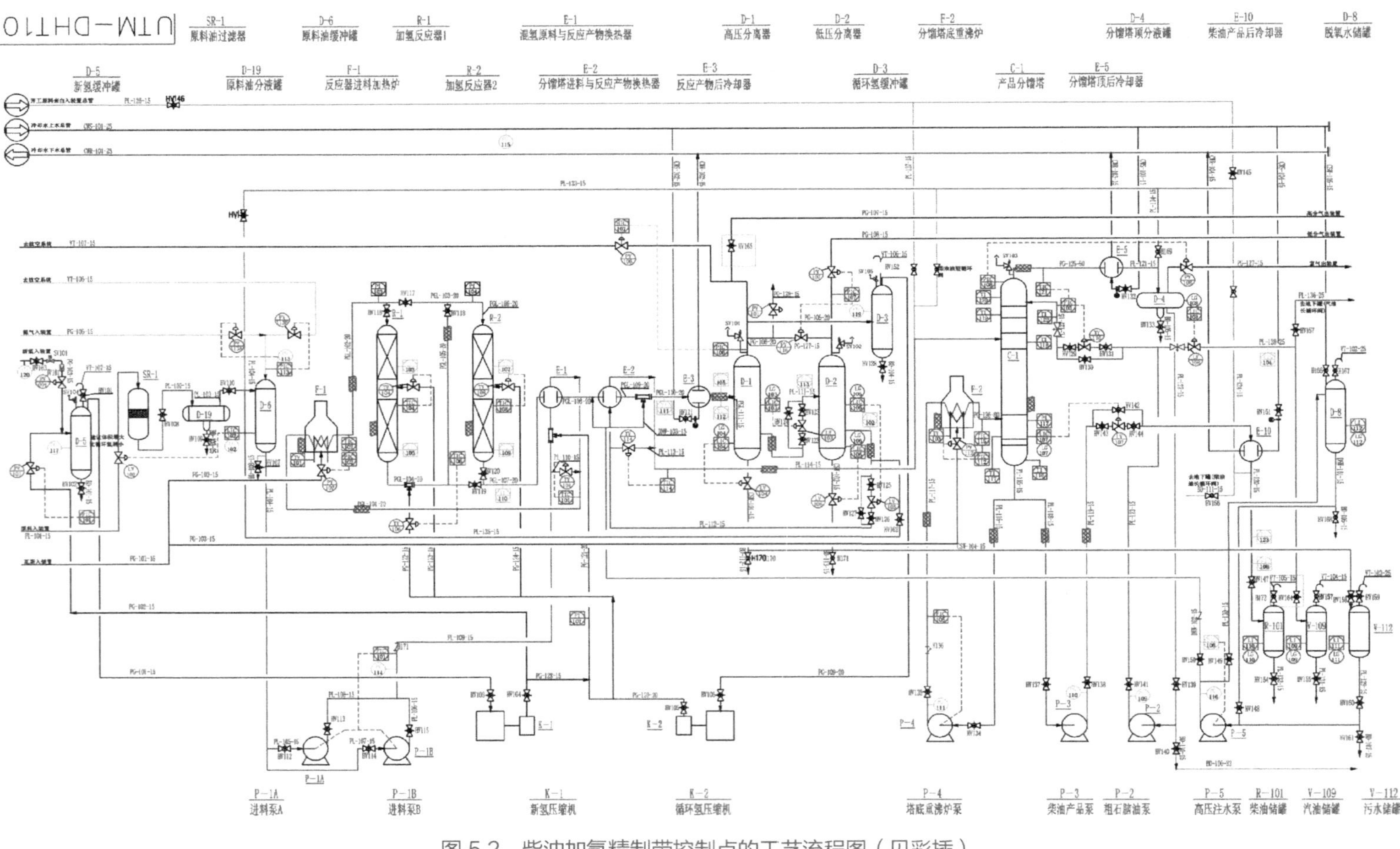

图 5.2 柴油加氢精制带控制点的工艺流程图（见彩插）

任务 3　了解主要工艺参数及设备

一、主要工艺参数

主要工艺参数见表 5.1 ～表 5.3。

表 5.1　柴油加氢装置工艺控制指标

项目	单位	指标	备注
精制反应器入口温度	℃	280 ～ 320	
精制反应器床层最高点温度	℃	≤ 420	
改质反应器床层最高点温度	℃	≤ 420	
高分压力（表压）	MPa	6.4 ～ 6.6	
低分压力（表压）	MPa	1.00 ～ 1.20	
高分液位	%	40 ～ 60	
低分液位	%	40 ～ 60	
软化水注入量	t/h	6.0 ～ 8.0	
氢油比	体积比	（350:1）～（500:1）	
分馏塔顶部压力（表压）	MPa	0.14 ～ 0.19	
分馏塔顶部温度	℃	120 ～ 160	
分馏塔底部温度	℃	270 ～ 320	
分馏塔液位	%	40 ～ 60	
柴油出装置温度	℃	30 ～ 50	
石脑油出装置温度	℃	≤ 40	
进料加热炉出口温度	℃	280 ～ 320	
塔底重沸炉出口温度	℃	290 ～ 310	

表 5.2　柴油加氢装置物料平衡表

装置物料名称		%（质量分数）	kg/h	t/d	t/a
入方	原料油	100	137500	3300.0	1100000
	新氢	3.746	5152	123.6	41208
	合计	103.746	142652	3423.6	1141208

续表

装置物料名称		%（质量分数）	kg/h	t/d	t/a
出方	柴油产品	91.651	126020	3024.5	1008160
	粗汽油	8.582	11800	283.2	94400
	高分气体	1.711	2353	56.5	18816
	低分气体	0.352	484	11.6	3872
	富气	1.112	1529	36.7	12232
	损失	0.338	466	11.1	3728
	合计	103.746	142652	3423.6	1141208

表 5.3　公用工程消耗及能耗计算

项目	设计能耗指标		
	子项 /kJ	母项 /t	kJ/t
燃料气	4.807×10^{11}	1100000	43.698×10^{4}
电	3.998×10^{11}	1100000	36.326×10^{4}
新鲜水	1.359×10^{8}	1100000	125.58
循环水	2.545×10^{10}	1100000	23148.58
脱氧水	2.469×10^{10}	1100000	22436.96
污水	1.208×10^{9}	1100000	1088.36
净化风	4.186×10^{9}	1100000	3809.26
合计			111.52×10^{4}

二、主要设备

主要设备见表 5.4 ～表 5.6。

表 5.4　装置主要配置

装置主体	长 × 宽 × 高 =12m×8m×6m（可根据实际场地作出布局及设备大小的调整，设备主体采用 304 不锈钢制作）
设备组成	加氢反应器 A、加氢反应器 B、新氢缓冲罐、原料储罐、原料过滤器、原料油分液罐、原料油缓冲罐、反应器进料加热炉、原料与产物换热器、分馏塔进料与反应产物换热器、反应产物后冷却器、高压分离器、低压分离器、循环氢缓冲罐、分馏塔底重沸炉、产品分馏塔、分馏塔顶后冷却器、分馏塔顶分液罐、柴油产品后冷却器、汽油储罐、柴油储罐、脱氧水储罐、循环氢压缩机、新氢压缩机、粗石脑油泵、柴油产品泵等

续表

仪表检测系统	Pt100 温度传感器、压力表、压力变送器、磁翻板液位计、玻璃液位计、涡轮流量计、质量流量计、金属管浮子流量计等
通信监控系统	操作站、Advantrol 组态软件
控制系统	工业标准机柜、I/O 机笼标准套件、数据转发卡、主控制卡标准套件、电源箱、6 路电流输入卡、4 路模拟量输出卡、8 路开关量输出 / 入卡

表 5.5　设备位号对照表

序号	位号	设备名称	序号	位号	设备名称
1	V-101	配料罐	19	D-8	脱氧水储罐
2	SR-1	原料油过滤器	20	K-1	新氢压缩机
3	D-19	原料油脱水罐	21	K-2	循环氢压缩机
4	D-6	原料油缓冲罐	22	R-1	加氢反应器 1
5	E-1	混氢原料与反应产物换热器	23	R-2	加氢反应器 2
6	E-2	分馏塔进料与反应产物换热器	24	D-5	新氢缓冲罐
7	E-3	反应产物后冷器	25	D-3	循环氢缓冲罐
8	D-1	高压分离器	26	P-1A	进料泵 A
9	D-2	低压分离器	27	P-1B	进料泵 B
10	F-1	反应器进料加热炉	28	P-2	粗石脑油泵
11	F-2	分馏塔底重沸炉	29	P-3	柴油产品泵
12	C-1	产品分馏塔	30	P-4	塔底重沸炉泵
13	E-5	分馏塔顶后冷器	31	P-5	高压注水泵
14	E-10	柴油产品后冷器	32	V-102	地下集液槽
15	D-4	分馏塔顶分液罐	33	P-106	配料泵
16	V-109	汽油储罐	34	P-107	输料泵
17	R-101	柴油储罐	35	K-3	仪表空气压缩机
18	V-112	污水储罐	36	V-201	仪表空气缓冲罐

表 5.6　阀门位号对照表

序号	位号	设备名称	序号	位号	设备名称
1	HV101	新氢缓冲罐放空阀	29	HV129	分馏塔回流调节阀前阀
2	HV102	新氢缓冲罐排污阀	30	HV130	分馏塔回流调节阀旁阀
3	HV103	新氢压缩机入口阀	31	HV131	分馏塔回流调节阀后阀
4	HV104	新氢压缩机出口阀	32	HV132	E-5 冷却水入口阀
5	HV105	循环氢压缩机出口阀	33	HV133	分馏塔顶分液罐排污阀
6	HV106	循环氢压缩机入口阀	34	HV134	塔底重沸炉泵入口阀
7	HV107	原料油缓冲罐排污阀	35	HV135	塔底重沸炉泵出口阀
8	HV108	原料油过滤器出口阀	36	HV136	塔底重沸炉泵排污阀
9	HV109	原料油分液罐排污阀	37	HV137	柴油产品泵入口阀
10	HV110	原料油分液罐出口阀	38	HV138	柴油产品泵出口阀
11	HV111	长循环入口阀	39	HV139	粗石脑油泵入口阀
12	HV112	进料泵 P-1A 入口阀	40	HV140	粗石脑油泵排污阀
13	HV113	进料泵 P-1A 出口阀	41	HV141	粗石脑油泵出口阀
14	HV114	进料泵 P-1B 入口阀	42	HV142	分馏塔液位控制阀旁阀
15	HV115	进料泵 P-1B 出口阀	43	HV143	分馏塔液位控制阀前阀
16	HV116	反应器 1 原料进口阀	44	HV144	分馏塔液位控制阀后阀
17	HV117	反应器 1 与反应器 2 切换阀	45	HV145	分馏塔开工收油阀
18	HV118	反应器 1 与反应器 2 串联阀	46	HV146	C-1 开工收油入装置阀
19	HV119	反应器 1 出口阀	47	HV147	柴油入产品罐阀
20	HV120	反应器 2 出口阀	48	HV148	高压注水泵入口阀
21	HV121	E-3 冷却水进口阀	49	HV149	脱氧水罐回收入口阀
22	HV122	D-1 油相出口调节阀前阀	50	HV150	高压注水泵出口阀
23	HV123	D-1 油相出口调节阀后阀	51	HV151	E-10 冷却水入口阀
24	HV124	D-1 油相出口调节阀旁阀	52	HV152	循环氢缓冲罐放空阀
25	HV125	D-2 油相出口调节阀前阀	53	HV153	柴油储罐放空阀
26	HV126	D-2 油相出口调节阀后阀	54	HV154	柴油储罐排污阀
27	HV127	D-2 油相出口调节阀旁阀	55	HV155	汽油储罐排污阀
28	HV128	循环氢缓冲罐排污阀	56	HV156	柴油产品泵排污阀

续表

序号	位号	设备名称	序号	位号	设备名称
57	HV157	汽油储罐放空阀	73	TV-101	E-1 出口原料油温度调节
58	HV158	污水罐入口阀	74	TV-114	E-2 出口反应产物温度调节
59	HV159	污水罐放空阀	75	PV-106A	高压分离器压力调节
60	HV160	污水罐出口阀	76	PV-106B	高压分离器压力调节
61	HV161	污水罐排污阀	77	PV-107	低压分离器压力调节
62	HV162	脱氧水罐加料阀	78	LV-103	高压分离器油相液位调节
63	HV163	脱氧水罐放空阀	79	LV-104	高压分离器水相液位调节
64	HV164	脱氧水罐排污阀	80	LV-105	低压分离器油相液位调节
65	PV-101	新氢缓冲罐压力调节	81	LV-106	低压分离器水相液位调节
66	LV-102	原料油缓冲罐液位调节	82	PV-112	重沸炉燃气流量调节
67	PV-113A	原料油缓冲罐充压调节	83	TV-116	分馏塔顶温度调节
68	PV-113B	原料油缓冲罐放空调节	84	LV-108	分馏塔顶分液罐液位调节
69	PV-102	进料加热炉燃气流量调节	85	LV-107	分馏塔底液位调节
70	TV-104	反应器 1 一段出口温度调节	86	PV-108	分馏塔压力调节
71	TV-106	反应器 1 二段出口温度调节	87	FV-101	模拟反应耗氢量
72	TV-108	反应器 2 一段出口温度调节	88	PV-116	模拟解吸的低分气量

项目二　柴油加氢装置岗位操作规程

任务 1　柴油加氢装置开车前的准备与检查

一、开车前的准备工作

1. 开车要求

(1) 开车总要求：检查细、要求严、联系好、开得稳、合格快。

(2) 开车要求做到“十不”：不跑油，不冒罐，不串油，不着火，不爆炸，不超温，不超压，不满塔，不损坏设备，不出不合格产品。

(3)“四不开车”：检修质量不合格不开车，设备安全隐患未消除不开车，安全设施未做好不开车，场地卫生不好不开车。

(4) 装置开车由实训指导教师统一指挥，并指令操作工小组成员。

(5) 参加开车的每个操作人员，必须严格按操作规程和指挥要求进行操作，对每一项工作都应认真细致，要考虑好、联系好、配合好、准备好，然后逐步进行，确保安全可靠。

(6) 开车前，认真学习开车方案，并进行岗位技术训练。

(7) 开车前，装置安全设施及消防器材齐备、好用。

(8) 开车前，装置全部人孔封好，要求拆的盲板拆除，地漏畅通。

(9) 加热炉升温时，必须严格按升温曲线进行。

(10) 对开车人员的要求：指挥及时准确，操作适度无误，关键步骤专人把关。

2. 开车前的准备工作

(1) 编制开车方案，组织讨论并汇报指导教师。

(2) 做好开车时各项工作的组织安排，以及常用工具材料的准备工作。

(3) 准备好去离子水。

(4) 确保水、电供应充足。

(5) 拆除检修过程中所有盲板，加好该加的盲板做好记录。

(6) 对机泵进行检查，使之处于良好备用状态。

(7) 准备好内外操作记录等。

二、开车统筹

开车统筹方案见表5.7。

表5.7 开车统筹方案一览表

项目	累计 0.1h	0.3h	0.5h	0.6h	1.2h
	阶段 0.1h	0.2h	0.2h	0.1h	0.6h
	开车检查 吹扫贯通、试压、气封、试漏在出厂前已完成	反应系统氢气气密，分馏系统冷油运	反应系统预热，分馏系统热油运	新鲜原料进料	操作条件调整，质量调节，合格切成品
公用工程系统	水、电引入系统	氢气引入系统			
反应系统	工艺管线连接正确，设备、仪表、安全附件完好备用	反应系统氢气气密	反应系统预热设备，高、低分建立液面	反应系统切换新鲜料，装置带罐区的大循环	调节反应系统各工艺参数

续表

分馏系统	工艺管线连接正确，设备、仪表、安全附件完好备用	C-1 收油、冷油运，塔系统自身循环	C-1 底温度升至 50℃	装置带罐区的大循环	调节塔系统各工艺参数至产品合格切成品
原料油系统	工艺管线连接正确，设备、仪表、安全附件完好备用	D-6 收油			

三、开车检查

1. 按流程检查

检查按专业分工进行。工艺、设备、仪表、安全环保设施、隐蔽工程等专业检查要求列出清单、设定专人负责，检查完毕后要进行签字确认。

2. 检查装置状态达到开工条件

（1）准备好各种操作记录。
（2）准备好操作规程。
（3）装置开车方案贴到墙上显眼位置。
（4）开车方案责任分工明确。

3. 检查软化水系统

检查软化水液面是否大于 60%，确保一个运行周期的用量。

4. 检查设备

（1）设备及其附属系统安装完毕。
（2）设备及其附属系统部件完整。
（3）仪表系统正常。
（4）安全阀安装齐全，符合要求。
（5）压力表安装齐全，符合要求。
（6）液面计安装齐全，符合要求。
（7）劳动保护设施完好。
（8）装置现场清理干净，无杂物。

5. 检查工艺流程

（1）工艺管线法兰连接完毕。
（2）工艺管线连接处垫片齐全。

（3）工艺管线连接处垫片安装符合要求。
（4）工艺管线连接处螺栓齐全。
（5）阀门安装方向正确。
（6）工艺管线上的压力表齐全。
（7）工艺管线上的温度计齐全。
（8）工艺管线上的热电偶齐全。
（9）工艺管线上的采样口部件齐全。
（10）工艺流程完整正确。
（11）管线标识完整正确。
（12）工艺阀门处于关闭状态。

M5.8 开启系统电源

6. 引入公用工程系统

（1）系统用电引入系统
① DCS 系统通电。
② 先开启总空开，再开各控制机柜空开。
③ 装置区通电。
④ 先开装置总空开。

M5.9 开工前准备

（2）系统用水引入系统
开启各换热器冷却水上水阀。
（3）确保仪表空气系统供气正常

任务 2　柴油加氢装置正常开车操作

一、反应系统氢气置换

1. 引低压新氢流程

氢气总管→ D-5 →放空

打开并调节氢气入装置阀门，检查放空阀是否好用，直至 PIC101 的示值为 1.0MPa。

2. 反应系统氢气置换

M5.10 引新氢操作

（1）氢气总管→ D-5 → K-1,K-2 入口。
（2）反应系统氢气置换流程：
D-5 → K-1 → E-1 → F-1 → R-1 → E-1(壳) → E-2(壳) → E-3(管) → D-1 → PV106 →放空系统。

（3）操作步骤：

① 开新氢压缩机入口阀及出口阀。

② 启动新氢压缩机 K-1。

③ 现场转动开机开关，进行压缩机加载。

④ 当循环氢缓冲罐压力为 1.0MPa 时，开循环氢压缩机入口阀及出口阀。

⑤ 启动循环氢压缩机 K-2。

⑥ 用阀门 PV106A 控制 D-1 顶压力为 1.0MPa。

⑦ 置换系统 3 ～ 5min。

3. 循环升温

循环流程：K-2 → E-1(管) → F-1 → R-1 → E-1(壳) → E-2(壳) → E-3(管) → D-1 → D-3 → K-2。

4. F-1 点火

（1）控制高压分离器压力不超过 3MPa。

（2）如压力升高，通过放空系统阀门 PV106 调节系统压力。

（3）反应器进料加热炉出口温度升高为 150 ～ 180℃时，保持恒温 3 ～ 5min。

（4）高压压力逐渐升至 6.7MPa。

5. D-6 收油

（1）操作流程：V101 → SR-1 → D-19 → D-6。

（2）操作步骤：

① 开调节阀 LV102。

② 开原料油过滤器 SR-1 出口阀 HV108。

③ 开原料油缓冲罐 D-19 出口阀 HV110。

④ 原料油缓冲罐 D-6 液位上升。

⑤ 原料油缓冲罐 D-6 液位达到 50%。

⑥ 关原料油进料调节阀 LV102。

二、分馏系统油运

1. C-1 收油

（1）收油流程：界区外→界区收油阀→收油线阀→回流副线阀→ C-1。

（2）操作步骤：

① 开分馏塔收油阀门 HV146,HV145,HV130。

② C-1 液位升高。

③ C-1 液位达到 50%。

M5.11 分馏操作

④ 当 C-1 达到 50% ～ 60% 液位时，停止收油。

⑤ 关闭塔收油阀门 HV146,HV145,HV130。

2. 分馏塔冷油运

（1）流程：C-1 → P-4 → F-2 → C-1

C-1 → P-3 → E-10 → C-1

（2）操作步骤：

① 开分馏塔重沸炉泵 P-4 进口阀 HV134。

② 启动分馏塔重沸炉泵 P-4。

③ 开分馏塔重沸炉泵 P-4 出口阀 HV135。

④ 柴油产品泵 P-3 进口阀 HV137。

⑤ 启动柴油产品泵 P-3。

⑥ 开柴油产品泵 P-3 出口阀 HV138。

3. 分馏塔热油运

（1）操作流程：C-1 → P-4 → F-2 → C-1

C-1 → P-3 → E-10 → C-1

（2）操作步骤：

① 分馏塔底重沸炉 F-2 点火升温。

② 投用换热器反应产物。

③ 接通反应产物后冷却器 E-3，分馏塔顶后冷却器 E-5，柴油产品后冷却器 E-10（分别开冷却水进口阀门 HV121，HV132，HV151）。

④ 当分馏塔顶分液罐 D-4 的液位为 50% 时，进行以下操作。

⑤ 开粗石脑油泵 P-2 入口阀 HV139。

⑥ 开粗石脑油泵 P-2。

⑦ 开粗石脑油泵 P-2 出口阀 HV141。

⑧ 分馏塔进行循环升温至 250℃。

三、进新鲜原料油

1. 进新鲜原料油条件

（1）F-1 出口温度为 200 ～ 240℃（大于 240℃系统自动扣除 10 分）。

（2）高压分离器的压力为 6.4 ～ 6.6MPa。

说明：进料泵 P-1A/1B 设有保护联锁，需在泵的开度为 0 且出口阀全开的情况下才能启动。

M5.12 进新鲜原料油

2. 进新鲜原料油

① 开 E-3 冷却水进水阀 HV121。

② 开通生成油向分馏塔进料流程。

③ 开进料泵 P-1A（或 P-1B）入口阀 HV112（或 HV114）。

④ 启动进料泵 P-1A（或 P-1B）。

⑤ 开进料泵 P-1A（或 P-1B）出口阀 HV113（或 HV115）。

⑥ 控制进料泵出口流量 60 ～ 150t/h。

⑦ 反应器进料加热炉 F-1 的出口温度升高至 280 ～ 320℃。

⑧ 通过冷氢调节阀 TV104、TV106、TV108 控制反应器各床层温度在指标范围内。

⑨ 调整 PIC-106 稳定高压分离器压力。

⑩ 调整 LIC-103 稳定高压分离器液位。

⑪ 调整 PIC-107 稳定低压分离器压力。

⑫ 调整 LIC-105 稳定低压分离器液位。

⑬ 当低压分离器 D-2 向分馏塔进料时，关闭分馏塔底循环阀 HV145，改不合格柴油短循环流程为长循环流程。

⑭ 调整 LIC-107 稳定分馏塔底液位。

⑮ 调节 LV-108，不合格汽油改全回流为长循环并控制回流流量 FIC-103 在 10 ～ 20t/h。

⑯ 调整 LIC-108 稳定分馏塔顶回流罐液位。

⑰ 调整重沸炉加热功率稳定分馏塔操作条件。

四、系统注入软化水

(1) 开高压注水泵 P-5 入口阀 HV148。

(2) 开高压注水泵 P-5。

(3) 开注水泵 P-5 出口阀 HV150。

(4) 变频调整注水量为 10 ～ 20t/h。

(5) 调整 LIC-104 和 LIC-106 控制高低分界位。

说明：高压注水泵 P-5 设有保护联锁，需在泵的开度为 0 且出口阀全开的情况下才能启动。

五、产品改进成品罐

当分馏塔顶分液罐 D-4 液位 50%±5%，且分馏塔顶温度及分馏塔系统运行稳定时：

（1）汽油产品改长循环为汽油储罐收产品（有扰动切换计算机自动扣5分）。

（2）柴油产品改长循环为柴油储罐收产品（有扰动切换计算机自动扣5分）。

（3）调整操作条件至指标范围内。

（4）装置开车成功。

（5）调整各项指标至正常值。

注意：如分馏塔各项指标无法满足质量要求时，汽油、柴油必须改为长循环操作。

任务3　柴油加氢装置正常停车操作

一、停车准备工作

（1）装置停车要达到安全、平稳、文明、卫生的要求，做到统一指挥，各岗位要密切配合、有条不紊、忙而不乱。

（2）停车要做到“十不”：不超温，不超压，不跑油，不串油，不着火，不冒罐，不水击损坏设备，设备管线内不存油，降量不出次品，不拖延时间停车。

（3）组员熟悉停车方案安排、工作计划以及岗位间的衔接。

（4）准备好停车期间的使用工具。

（5）准备好油品退油至中间罐。

（6）回收巡检牌。

（7）计划停车进行检修时，提前做好检修项目及用料计划，并提前准备好材料，临时停车时，做好临时检修项目计划。

二、停车统筹方案

停车统筹方案见表5.8。

表5.8　停车统筹方案一览表

项目	累计0.05h	0.25h	0.45h	0.5h
	阶段0.05h	0.2h	0.2h	0.05h
	清理装置内所有地沟，停车准备	降温降量，改循环，停进料泵、注水泵	反应系统热氢带油，降温降压	设备排污，清理现场
反应	进料量适当降低，装置放空系统正常，停车用化工原材料准备好，消防器材备好，下水道畅通	降温降量，精制油循环0.5h，停进料泵及注水泵	热氢带油，降温降压	设备及管路低点排污打开

续表

分馏	计量表改接短管，P-2 入口注水线盲板变通，消防器材、胶管备好，下水道畅通	塔系统改自身循环，降温至 F-2 熄火		扫线完毕低点排凝打开，排空打开
燃料气	消防器材、胶管备好，下水道畅通	F-2 熄火	F-1 熄火	低点排凝打开，排空打开
中间罐区	罐区收油量减少，收油量控制在 60L/h 以下	停进料泵，收油停，关收油阀	倒罐	

三、装置停车操作

1. 停车条件

（1）装置正常生产，按车间安排下达停车指令，联系调度紧急放空系统备用。

（2）关输料泵 P-107 出口阀 HV206。

（3）停原料输料泵 P-107。

（4）关输料泵 P-107 入口阀 HV205。

（5）原料油缓冲罐 D-6 停收原料油。

M5.13 停车操作

2. 停车操作

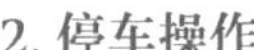

（1）装置改长循环

长循环流程：

D-6 → P-1 → E-1(管程) → R-1 → R-2 → E-1(壳程) → E-2(壳程) → E-3(管程) → E-3(壳程) → D-1 → D-2 → E-2(管程) → C-1 → P-3 → E-10 → D-6

（2）降温降量

① 反应炉出口温度降至 280℃。

② 反应进料量降至 90t/h。

③ 分馏塔重沸炉降至 200℃，分馏塔底重沸炉 F-2 熄火。

（3）热氢带油

① 提高反应器进料加热炉 F-1 的出口温度至 350℃。

② 反应系统进行热氢带油循环，循环流程为：

K-2 → E-1(管) → F-1 → R-1 → E-1(壳) → E-2(壳) → E-3(管) → D-1 → D-3 → K-2

③ 当 D-6 液位为 20% 时，关进料泵 P-1A(B) 出口阀 HV113

(HV115)。

④ 停进料泵 P-1A(B)。

⑤ 关进料泵 P-1A(B) 入口阀 HV112(HV114)。

⑥ 关高压注水泵 P-5 出口阀 HV150。

⑦ 停高压注水泵 P-5。

⑧ 关高压注水泵 P-5 入口阀 HV148。

⑨ 当高压分离器的液位不上涨（约 2min）时，高分液控阀逐渐关小至全关，则热氢带油结束。

（4）降温降压

① F-1 出口温度＜ 150℃或炉膛温度＜ 250℃。

② 关闭 F-1 加热。

③ F-1 熄火。

（5）高低分减油

① 高分压力调至 6.0MPa。

② 尽量提高高压分离器液位至 80%。

③ 打开高分液控阀 LV-103。

④ 高分内存油切入低分。

⑤ 关闭高分液控阀 LV-103。

⑥ 关闭高分液控阀前手阀 HV122。

⑦ 关闭高分液控阀后手阀 HV123。

（6）低分油减至塔

① 调节低分出装置阀 PV-107。

② 尽量提高低压分离器液位至 80%。

③ 低分泄压至 0.6MPa。

④ 打开低压分离器液控阀 LV-105。

⑤ 低压分离器内存油切入分馏塔。

⑥ 分馏塔液面上涨。

⑦ 开高压分离器液位出口阀 LV-104。

⑧ 开低压分离器液位出口阀 LV-106。

⑨ 高分液位指示 <10%。

⑩ 低分液位指示 <10%。

（7）停压缩机，系统泄压

① 关闭三回一控制阀 PV101。

② 关闭新氢入装置界区阀。

③ 停新氢压缩机 K-1，关新氢压缩机入口阀 HV103 及出口阀 HV104。

④ 反应物进料加热炉降至 150℃。

⑤ 停循环氢压缩机 K-2，关循环氢压缩机入口阀 HV106 及出口阀 HV105。

⑥ 打开高分压力控制阀 PV106。

⑦ D-5 压力泄至微正压。

⑧ 关闭 PV106 控制阀。

（8）分馏系统退油

① 分馏塔顶分液罐 D-4 液位 <10%。

② 关粗石脑油泵 P-2 出口阀 HV141。

③ 停粗石脑油泵 P-2。

④ 关粗石脑油泵入口阀 HV139。

⑤ 当分馏塔 C-1 底温度小于 150℃时，关塔底重沸炉泵出口阀 HV135。

⑥ 停塔底重沸炉泵 P-4。

⑦ 关塔底重沸炉泵入口阀 HV134。

⑧ 停分馏塔顶后冷却器 E-5 冷却水入口阀 HV132。

⑨ C-1 液位 LIC-107<10%。

⑩ 关柴油产品泵出口阀 HV138。

⑪ 停柴油产品泵 P-3。

⑫ 关柴油产品泵入口阀 HV137。

⑬ 关闭柴油出装置阀。

⑭ 打开各装置排污阀。

⑮ 油排净后关闭排污阀。

⑯ 装置交付检修。

任务 4　柴油加氢装置事故处理

一、事故处理原则

事故处理对炼油装置来说尤为重要，由于一般的炼油装置都要求连续生产，且原料、产品都是易燃易爆的，一旦发生事故，不仅整个生产装置要受影响，而且还会造成巨大的经济损失甚至人员伤亡。所以对于消除事故隐患或发生事故后的处理，在生产过程中应放在重要位置。

事故处理原则是按照消除、预防、减弱、隔离、警告的顺序进行控制的。当发生危险、危害事故时，要坚持先救人后救物，先重点后一般，先控制后消灭的总原则灵活果断处置，防止事故扩大。

（1）严格遵守各项规章制度、安全规定、操作规程，发现隐患及时消除。

（2）发生事故后，判断要准确，处理要及时，措施要果断有效。

（3）发生一般事故，范围要控制住，做到不蔓延，不跑油，不串油，不超温，不超压，不着火，不爆炸。

（4）单独设备起火，隔离设备，蒸汽掩护，报火警、灭火，保护其他运行设备。

（5）发生着火、爆炸事故，要切断进料，停泵熄火，撤压，切断联系，通蒸汽掩护控制范围，防止事故蔓延扩大，并及时通知消防队。

（6）正确使用各种消防器材，灭火要站在上风头。

二、常见事故及处理

1. 反应器床层超温事故

现象：

反应器各床层温度 TI103，TIC104，TI105 超高。

D-1 入口温度 TI112 高。

确认：DCS 操作参数变化。

原因：

（1）油品性质变化。

（2）瓦斯仪表失灵。

处理：

（1）降反 D-1 入口温度、反应器各床层温度

① 床层温度 > 380℃。

② 打开反应器 1 一段、二段出口温度调节 TV-104、TV-106。

③ 床层温度继续上升，没有下降趋势。

④ 床层温度 > 410℃。

⑤ 反应系统紧急停车。

⑥ 关闭炉 F-1 瓦斯压控阀 PV-102。

⑦ 反应器进料加热炉 F-1 熄火。

⑧ 停新氢入装置阀门。

⑨ 停新氢压缩机 K-1。

⑩ 关新氢压缩机入口阀 HV103。

⑪ 关新氢压缩机出口阀 HV104。

⑫ 开高压分离器压力调节 PV106A，装置降压至 2.00 ～ 3.00MPa。

⑬ 循环压缩机运转。

（2）停进料，装置长循环

① 打开长循环阀 HV111。

② 关闭柴油入产品罐阀门 HV147。

③ 打开石脑油循环阀（分馏塔回流调节阀旁阀）HV130。

④ 关闭石脑油出装置调节阀（分馏塔顶分液罐液位调节）LV-108。

⑤ 通知罐区，停罐区进料泵。
⑥ 关进料泵 P-1A(B) 出口阀 HV113(HV115)。
⑦ 停进料泵 P-1A(B)。
⑧ 关进料泵 P-1A(B) 入口阀 HV112(HV114)。
⑨ 关高压注水泵 P-5 出口阀 HV150。
⑩ 停高压注水泵 P-5。
⑪ 关高压注水泵 P-5 入口阀 HV148。
(3) 高低分减油
具体操作参见任务 3 装置停车操作相关内容。
(4) 低分油减至塔
具体操作参见任务 3 装置停车操作相关内容。
(5) 停压缩机，系统泄压
具体操作参见任务 3 装置停车操作相关内容。
(6) 分馏系统退油
具体操作参见任务 3 装置停车操作相关内容。

2. 加氢装置燃料气中断事故

现象：
两炉炉膛温度 TIC102，TIC115 有下降现象。
原因：
系统燃料气中断。
处理：
(1) 反应器进料加热炉 F-1、分馏塔底重沸炉 F-2 紧急停炉
① 关闭反应器进料加热炉 F-1 瓦斯压控阀（进料加热炉燃气流量调节）PV-102。
② 关闭分馏塔底重沸炉 F-2 瓦斯压控阀（重沸炉燃气流量调节）PV-112。
(2) 装置改长循环
① 控制高分压力为 5.0 ～ 6.2MPa。
② 打开长循环入口阀 HV111。
③ 关闭柴油入产品罐阀门 HV147。
④ 打开石脑油循环阀（分馏塔回流调节阀旁阀）HV130。
⑤ 关闭石脑油出装置调节阀 LV108。
⑥ 通知罐区，停罐区进料泵。
⑦ 关进料泵 P-1A(B) 出口阀 HV113(HV115)。
⑧ 停进料泵 P-1A(B)。
⑨ 关进料泵 P-1A(B) 入口阀 HV112(HV114)。
⑩ 关高压注水泵 P-5 出口阀 HV150。
⑪ 停高压注水泵 P-5。

⑫ 关高压注水泵 P-5 入口阀 HV148。

⑬ 其他按照正常停车步骤处理。

（3）高低分减油

具体操作参见任务 3 装置停车操作相关内容。

（4）低分油减至塔

具体操作参见任务 3 装置停车操作相关内容。

（5）停压缩机，系统泄压

具体操作参见任务 3 装置停车操作相关内容。

（6）分馏系统退油

具体操作参见任务 3 装置停车操作相关内容。

3. 加氢装置脱氧水中断事故

现象：

脱氧水流量 FI-106 指示回零等。

原因：

高压注水泵出现故障。

处理：

（1）停高压注水泵

① 关高压注水泵 P-5 出口阀 HV150。

② 停高压注水泵 P-5。

③ 关高压注水泵 P-5 入口阀 HV148。

（2）确认软化水中断时间

① 确定高压注水泵故障无法短时间恢复。

② 软化水长时间中断。

③ 联系车间领导，装置按正常停车处理。

（3）装置改长循环

长循环流程：

D-6 → P-1 → E-1(管程) → R-1 → R-2 → E-1(壳程) → E-2(壳程) → E-3(管程) → E-3(壳程) → D-1 → D-2 → E-2(管程) → C-1 → P-3 → E-10 → D-6

（4）降温降量

具体操作参见任务 3 装置停车操作相关内容。

（5）热氢带油

① 提高反应器进料加热炉 F-1 的出口温度至 350℃。

② 反应系统进行热氢带油循环，循环流程为：K-2 → E-1(管) → F-1 → R-1 → E-1(壳) → E-2(壳) → E-3(管) → D-1 → D-3 → K-2。

③ 当 D-6 液位为 20% 时，关进料泵 P-1A(B) 出口阀 HV113(HV115)。

④ 停进料泵 P-1A(B)。

⑤ 关进料泵 P-1A(B) 入口阀 HV112(HV114)。

⑥ 当高压分离器的液位不上涨时（约 2min），高分液控阀逐渐关小至全关，则热氢带油结束。

（6）降温降压

具体操作参见任务 3 装置停车操作相关内容。

（7）高低分减油

具体操作参见任务 3 装置停车操作相关内容。

（8）低分油减至塔

具体操作参见任务 3 装置停车操作相关内容。

（9）停压缩机，系统泄压

具体操作参见任务 3 装置停车操作相关内容。

（10）分馏系统退油

具体操作参见任务 3 装置停车操作相关内容。

4. 加氢装置高压新氢中断事故

现象：

（1）高分压力 PIC-106 下降很快。

（2）反应器进料加热炉 F-1 出口温度 TIC-106，反应器床层温度 TI103、TIC-104、TI105 迅速升高。

原因：

氢气供气源出故障（长时间停新氢）。

处理：

关闭新氢入装置阀门。

（1）装置改长循环

长循环流程：

D-6 → P-1 → E-1(管程) → R-1 → R-2 → E-1(壳程) → E-2(壳程) → E-3(管程) → E-3(壳程) → D-1 → D-2 → E-2(管程) → C-1 → P-3 → E-10 → D-6

（2）降温降量

具体操作参见任务 3 装置停车操作相关内容。

（3）热氢带油

具体操作参见任务 3 装置停车操作相关内容。

（4）降温降压

具体操作参见任务 3 装置停车操作相关内容。

（5）高低分减油

具体操作参见任务 3 装置停车操作相关内容。

（6）低分油减至塔

具体操作参见任务 3 装置停车操作相关内容。

(7) 停压缩机，系统泄压

具体操作参见任务 3 装置停车操作相关内容。

(8) 分馏系统退油

具体操作参见任务 3 装置停车操作相关内容。

创新训练

学习情境 5 工作手册资料包

为深化实践教学改革，强调以学生创新精神和工程实践能力培养为出发点，把培养学生操作技能与工程实践能力教学环节作为一个整体考虑。在装置工艺实训中，增加化工工艺计算设计环节（柴油加氢工艺设计任务书见工作手册资料），以生产性实训装置为实例，对实训装置的化工单元操作进行工艺设计和设备选型。让学生通过难度递增的任务训练与实践，初步具备化工工艺计算能力和工程素质，为企业培养能够解决技术、工程、工艺等问题的技术型、复合型、创新型高素质人才。创新训练流程见图 3.3.

拓展提升

催化加氢技术的发展方向

原料、产品、环保和效益是近期国内外炼油技术发展的主要推动力，炼油技术的进步与原料侧、产品侧的变化，以及环境的新要求和提高炼油厂效益等紧密相关。加氢装置将成为炼油厂中比较重要的装置之一，加氢裂化能力增长更快。

1. 原油重质化、劣质化将驱动加氢技术的发展和应用

未来原油品质总体呈现劣质化和重质化。劣质重质原油高效转化技术将不断进步，渣油加氢技术的开发和应用将日益广泛，沸腾床加氢裂化技术在重质原油及油砂沥青加工方面的工业应用需求呈增长趋势；浆态床渣油加氢技术研究已取得突破，预计也将结合工业应用进一步得到完善和发展。

2. 轻质油品需求增长将推动加氢能力快速增加

未来燃料油需求量将明显降低。轻质油品的需求增长将推动加氢裂化能力年均增速快速增长，远高于一次原油加工能力的增速。全球对中间馏分油的需求将促使炼油厂通过增加其产量来提高效益，使得中间馏分油加氢能力提高，年均增长高于加氢精制和加氢处理的增速。石油产品需求增量最多的地区主要是亚太和中东地区。

3. 日益严格的环保要求将促使加氢装置在炼油厂发挥更大的作用

有数据显示，未来油品质量将趋于严格。近期全球约 60% 的汽油含硫量低于 100 ppm，北美、西欧、日本和中国的汽油硫含量已降至 50 ppm 以下，甚至 10 ppm 以下。欧盟国家已要求柴油硫含量不大于 10 ppm，美国要求不大于 15 ppm。到 2030 年，除非洲以外，汽油硫含量将下降至 25 ppm，甚至 10 ppm；苯含量小于 1.0%（体积分数）；车用柴油硫含量将下降至 35 ppm 以下，甚至 10 ppm；十六烷值在 47 ~ 51；密度变化不大。各地日趋严格的油品质量要求必然促使企业新增更多的加氢精制能力。

4. 炼油厂低毛利将不断驱使加氢技术向低成本和高附加值方向发展

从炼油效益来看，盈利水平不足已成为全球炼油厂的共同问题，且该状况将长期存在。尤其是为解决气候变暖和能源安全问题，鼓励新能源发展，各国政府对化石能源的补贴将会减少或取消，这对于成本不断增长的炼油业来说更是雪上加霜。为提高炼油厂效益，从加氢技术发展趋势上看，一方面要通过加氢技术自身的进步和价值链分析，将日益苛刻化及多样化的原料尽可能地转化为高附加值的目标产品，向价值最大化方向发展；另一方面要通过应用新型催化材料技术、新型制氢与储氢技术等，降低生产成本，获取最大的经济效益。

双语环节

Distillation does not change the molecular structure of hydrocarbons, and so any impurities in the crude oils remain unchanged. Catalytic hydrotreating treats petroleum fractions in the presence of catalysts and substantial quantities of hydrogen. If contaminants are not removed from the petroleum fractions as they travel through the processing units, they can have detrimental effects on the equipment, the catalysts, and the quality of the finished products. Typically, hydrotreating is done prior to catalytic reforming, so that the catalyst is not contaminated by untreated feedstock. Hydrotreating is also used prior to catalytic cracking to reduce sulfur and improve product yields, and to upgrade middle-distillate petroleum fractions into finished kerosine, diesel fuel, and heating fuel oils. Hydrotreating results in desulfurization (removal of sulfur), denitrogenation (removal of nitrogen), and conversion of olefins to paraffins.

蒸馏不能改变烃分子的结构，因此原油中的杂质保持不变。催化加氢处理工艺在催化剂和大量氢气作用下处理石油馏分。如果石油馏分流经该类加工装置时未能脱除杂质，则会对设备、催化剂和成品质量产生不利影响。加氢处理一般在催化重整之前进行以防催化剂被未经处理的原料污染。加氢处理也在催化裂化之前进行以降低原料中的硫含量，提高产品收率，并把中间石油馏分改质为成品煤油、柴油和采暖用燃料油。加氢处理工艺可以脱硫、脱氮、并把烯烃转化成烷烃。

考核评价

为了准确地评价本课程的教学质量和学生学习效果，对本课程的各个环节进行考核，以便对学生的评价公正、准确。考核评价模式见图 5.3。

综合考虑任务目标、教学目标和具体学习活动实施情况，整个评价过程分为课前、课中和课后 3 个阶段。课前考评个人学习笔记，考查个人原理知识预习情况；课中考评小组工作方案制定及汇报、个人工艺原理测试、个人技能水平和操作规范、个人职业素质和团队协作精神，创新训练环节是该实训装置工艺条件优化及工艺计算；课后考评个人生产实训总结报告或工艺设计说明书。并且设计 10 分附加分，作为学生学习进步分，每天考核成绩有进步的同学都能不同程度获得进步分，进步分最高为 10 分，以形成激励效应。

生产实训结束后，由企业导师和实训教师根据实训考核标准，对每位同学进行考核，评出优、良、中、及格、不及格五个等级。

过程性多元评价 100+10 分

阶段	学习活动	评价内容与分值	评价对象	评价主体及权重
课前	课前学习与准备(5%)	学习笔记5分	个人	教师(50%) 虚拟仿真平台(50%)
课中	环节1(10%) 工艺原理	工艺原理测试10分	个人	教师(20%) 信息化平台(80%)
课中	环节2(10%) 工作方案制定及汇报	制定装置开车方案5分	小组	教师(50%)+学生(50%)
课中	环节2(10%) 工作方案制定及汇报	小组汇报5分	小组	教师(100%)
课中	环节3(25%) 技能水平 操作规范	开停车操作15分 事故处理5分 装置操作的规范性5分	个人	校内教师(50%) 企业导师(50%)
课中	环节4(20%) 创新能力	工艺条件优化改进 工艺计算 20分	个人+小组	教师(100%)
课中	环节5(10%) 职业素质	HSE意识、素质及考勤 吃苦耐劳团队协作精神 10分	个人+小组	教师(50%) 信息化平台(50%)
课后	总结(20%)	生产实训总结报告 工艺设计说明书 20分	个人	教师(100%)
	个人进步分	10分	个人	教师(100%)

图 5.3　考核评价模式

工作手册资料

柴油加氢工艺设计任务书

设计条件：

处理量：48 万 t/a；年开车时间：8000h；原料油相对密度：0.8663。原料及生成产品性质见表 1。

表 1　原料及生成产品性质

项目	入方			出方						
	原料油	新氢	合计	精制柴油	粗汽油	高分气体	低分气体	富气	损失	生成油
%（质量分数）	100	3.76	103.76	91.651	8.582	1.711	0.352	1.112	0.338	103.746
相对密度（20℃）	0.8663			0.8429	0.7188					0.8206
HK（初馏点）/℃	185			180	48					156
10%	208.9			214	78					189.5
20%	217.8									
30%	227.7			242	106					217.5
40%	235.5									
50%	244.5			271	122					244
60%	254.8									
70%	262.6			301	138					271.5
80%	283.4									
90%	317.4			340	166					308.5
KK	330			360	188					329
凝点 /℃										
闪点 /℃				55						
溴价	47									

续表

项目	入　方			出　方						
	原料油	新氢	合计	精制柴油	粗汽油	高分气体	低分气体	富气	损失	生成油
胶质 /(mg/100mL)				60						
硫 / (mg/g)	10415			500	200					
氮 / (mg/g)										
碱性氮 /ppm	1886			500						
氧化安定性					2.0					
十六烷值	46			45	—					
辛烷值					65					

其他条件：设计耗氢 1.26%（质量分数）；每脱掉 1% 的硫消耗 12.5m^3H_2/m^3 原料油（标准状态）；每脱掉 1% 的氮消耗 53.7m^3H_2/m^3 原料油（标准状态）；每脱掉 1% 的氧消耗 44.6m^3H_2/m^3 原料油（标准状态）；饱和 1% 的芳烃消耗 5.0m^3H_2/m^3（标准状态）原料油；每脱掉 1% 的硫醇硫消耗 12.5Nm^3H_2/m^3 原料油；原料油裂解程度为 3%，每裂解 1 分子原料，消耗 3 分子氢。

反应器：入口温度为 280℃，入口压力为 4.0MPa，出口压力为 3.9MPa，已知数据如表 2～表 4 所示。

表 2　加氢反应器入口

温度 /℃	气化率 /%	混合焓 /(kcal/kg)
226	4.72	186.64
266	9.49	217.26
310	19.09	254.15
359	28.81	295.91
374	38.65	311.58

注：物料包括原料油、新氢和循环氢；1kcal/kg=4.186kJ/kg。

表 3　在不同压力下，气化率与温度和热焓之间的对应关系

系统压力 /MPa	3.9		3.8		3.7		3.6	
气化率 /%	温度 /℃	混合焓 /(kcal/kg)	温度 /℃	混合焓 /(kcal/kg)	温度 /℃	混合焓 /(kcal/kg)	温度 /℃	混合焓 /(kcal/kg)
4.54	196	166.98	194	165.67	193	165.01	191.5	164.03
9.44	267	218.16	265	216.73	264	216.01	262	215.32
19.00	311	254.67	310	253.93				
28.68	341	281.62	339	279.89				
38.47	360	299.92						
48.38	375	315.31						

注：物料包括加氢生成油、反应生成气和循环氢。

表 4　气相油分子量

气化率 /%	平均分子量
10	155
20	160
30	165

操作条件：

操作条件见表 5。

表 5　操作条件

项目	单位	指标	备注
精制反应器入口温度	℃	280 ～ 320	
精制反应器床层最高点温度	℃	≤ 420	
改质反应器床层最高点温度	℃	≤ 420	
高分压力（表压）	MPa	6.4 ～ 6.6	
低分压力（表压）	MPa	1.00 ～ 1.20	
高分液位	%	40 ～ 60	

续表

项目	单位	指标	备注
低分液位	%	40 ~ 60	
软化水注入量	t/h	6.0 ~ 8.0	
氢油比	m^3H_2/m^3 原料（标准状态）	500:1	
分馏塔顶部压力（表压）	MPa	0.14 ~ 0.19	
分馏塔顶部温度	℃	120 ~ 160	
分馏塔底部温度	℃	270 ~ 320	
分馏塔液位	%	40 ~ 60	
柴油出装置温度	℃	30 ~ 50	
石脑油出装置温度	℃	≤40	
进料加热炉出口温度	℃	280 ~ 320	
塔底重沸炉出口温度	℃	290 ~ 310	

设计内容：

1. 全装置物料平衡计算

全物料平衡、新氢物料平衡、硫化氢物料平衡。

2. 化学耗氢量计算

杂质脱除率、化学耗氢量。

3. 加氢反应器工艺设计

催化剂装填体积、反应器当量直径、循环氢和混合氢流量、入口氢分压、反应器出口温度、出口氢分压、气体密度、混合物黏度、空塔线速、液体滞留量、反应器总高度计算。

柴油加氢装置生产实训报告

1 岗位工艺部分

1.1 装置概况

1.1.1 装置简介

1.1.2 装置组成

1.1.3 装置特点

1.1.4 装置功能

1.2 生产原理

1.3 工艺流程叙述

1.4 工艺流程图

1.5 主要工艺参数及控制指标

1.6 主要设备

2 岗位操作部分

2.1 实训基本任务

2.2 岗位成员及分工

2.3 岗位开车准备

2.4 岗位正常开车步骤

2.5 岗位停车操作步骤

2.6 岗位操作典型事故处理

3 岗位安全环保操作部分

3.1 岗位技术安全条例

3.2 岗位安全操作要求

3.3 危险化学品的特性

3.4 岗位劳动保护及劳动环境的安全要求

4 心得体会

工艺设计说明书

柴油加氢工艺设计

姓　　名：____________________

学　　号：____________________

班　　级：____________________

指导老师：____________________

日　　期：____________________

目 录

参考文献

[1] 史昕，邹劲松，厉荣，等．炼油发展趋势对加氢能力及加氢技术的影响 [J]. 当代石油石化 ,2014, 22(09):1-5.
[2] 邱志刚．浅谈加氢技术的最新进展及分类 [J]. 中国石油石化 ,2017(06):41-42.
[3] 朱赫礼，朱宇．沸腾床渣油加氢技术的工业应用及展望 [J]. 石化技术 ,2014,21(02): 58-63.
[4] 朱庆云，任文坡，乔明，等．全球炼油加氢技术进展 [J]. 石化技术与应用 ,2018, 36(04):217-221.
[5] 高峰 , 刘忠梅 , 刘德伟．炼油加氢技术措施优化 [J]. 化工管理 ,2019(24):84-85.
[6] 韩成建．加氢工艺和加氢技术分析 [J]. 化工管理 ,2018(11):185.
[7] Gary J H, Handwork G E, Kaiser M J. Petroleum Refining Techn-ology and Economics [M]. 5th ed. London: Taylor & Francis Group,2007.

学习情境 6

重油加氢试验装置实训

学习目标

一、能力目标

（1）能讲述重油加氢装置的工艺流程；

（2）能识图和绘制工艺流程图，识别常见设备的图形标识；

（3）能进行计算机 DCS 控制系统的台面操作；

（4）会进行重油加氢试验装置的开停车操作；

（5）会监控装置正常运行时的工艺参数；

（6）会对实验得到的数据进行处理及分析；

（7）会利用固定床装置的特点设计创新实验项目。

二、知识目标

（1）了解加氢裂化生产过程的作用和地位、发展趋势及新技术；

（2）熟悉重油加氢试验装置特点；

（3）掌握加氢裂化原理和催化剂知识；

（4）熟悉装置的实验步骤和设备的标识；

（5）了解重油加氢装置工艺流程和操作影响因素；

（6）初步掌握蒸馏装置开车操作、停车操作的方法；

（7）掌握常用数据处理的化工软件工具和应用场景；

(8) 了解试验装置运行时的环保和安全常识;
(9) 掌握一定量的专业英语词汇和常用术语。

三、素质目标

(1) 具有吃苦耐劳、服从管理、爱岗敬业、严谨细致的职业素养;
(2) 乐于奉献,有责任心,有较强的团队精神,初步具备创业素质;
(3) 能完成创新训练任务,初步具备创新精神;
(4) 能独立使用各种媒介完成学习任务,具有自理、自立和自主学习的能力,以及解决问题的能力;
(5) 能反思、改进工作过程,能运用专业词汇与同学、老师讨论工作过程中的各种问题;
(6) 能内外操通畅配合,具有较强的沟通和语言表达能力;
(7) 具有自我评价和评价他人的能力。

实训任务

通过重油加氢试验装置的操作,懂得加氢裂化的过程和原理,学会装置的操作与控制,会对试验得到的结果进行评价,会分析催化剂的性能,能够利用装置的特点设计创新试验项目。培养学生试验探究和创新的能力。

以 4 ~ 6 位学生为小组,根据任务要求,查阅相关资料,设计创新试验项目方案,并提交创新试验项目立项申请书,在装置上完成创新试验,对试验数据进行处理和分析,撰写创新试验项目报告。

项目设置

项目一　重油加氢试验装置工艺技术规程

任务 1　认识重油加氢试验装置

近年来随着我国原油资源消耗总量的不断攀升,原油进口总量也在不断增加,据相关统计数据表明，到 2030 年我国石油进口依赖度将达到 80%。但是由于进口原油劣质化和重质化趋势明显，在我国工业生产环保新常态的形势下，我国整个炼化领域也面临着巨大的发展压力。重油加氢技术的出现实现了重油的轻质化、清洁化，一方面可以处理高硫、高残炭、高金属的劣质渣油，另一方面可以提高液收率和液体产物的质量。同时可以和其他工艺进行组合，特别是重油加氢和催化裂化组合工艺。重油加氢技术目前也逐渐成为了一种重油加工的关键技术，在整个炼化领域受到了高度重视，是实现炼油工业绿色可持续发展的必然选择。

一、装置介绍

本装置是重质油加氢催化剂评价试验装置，是有机化工、精细化工、石油化工等领域的主要试验设备。系统含两路气体原料、一路液体原料、一路气体循环。进液由加热型平流泵控制和计量，进气和循环气通过气体质量流量计控制，由背压阀控制尾气和系统压力。加热炉采用开合式，四段控温，使内部能达到较长的恒温区，采用高精度控温仪，可稳定加热并控温。设备装卸催化剂方便，操作简单，可进行各类气固相催化反应，主要用于加氢、脱氢、氧化、卤化、芳构化、烃化、歧化、氨化等各种有机催化反应的科研与教学工作。它能准确地测定和评价催化剂活性、寿命，找出最适宜的工艺条件，同时也能得到反应动力学和工业放大所需数据。

二、装置构成

装置流程由六大系统组成：气体进料系统、液体进料系统、反应系统、冷凝分离系统、液位控制及回收系统、尾气自动排放计量和循环增压系统。

1. 气体进料系统

两路气体分别为氢气（H_2）和氮气（N_2），其进料方式如下：由球阀（GV-1）进入系统的氢气（H_2），经过滤器（F-1）过滤，过滤后的气体经减压阀（PCV-1）减压至目标压力，经过质量流量控制器（FT/FV-11）控制和计量，并经过单向阀（CV-1）后进入静态混合器。球阀（GV-4）为质量流量控制器（FT/FV-11）旁路阀。减压阀（PCV-1）进口压力 0 ～ 6000psi，出口压力 0 ～ 1500psi 可调，减压阀进出口有压力表（PI-1）、压力表（PI-2）测量压力。质量流量控制器（FT/FV-1）：控制范围 80 ～ 4000mL/min，控制精度：±1%。

由球阀（GV-5）进入系统的氮气（N_2），经过滤器（F-2）过滤，过滤后的气体经减压阀（PCV-2）减压至目标压力，经过质量流量控制器（FT/FV-2）控制和计量，并经过单向阀（CV-2）后进入静态混合器。球阀（GV-8）为质量流量控制器（FT/FV-2）旁路阀。减压阀（PCV-2）进口压力 0 ～ 6000psi、出口压力 0 ～ 1500psi 可调，减压阀进出口有压力表（PI-3）、压力表（PI-4）测量压力。质量流量控制器（FT/FV-2）：控制范围 20 ～ 1000mL/min，控制精度：±1%。

2. 液体进料系统

打开原料罐顶部放空阀法兰，将经称重后的液体原料加入带预热的原料罐，原料经球阀（GV-9）和液体过滤器过滤后，通过加热型平流泵按一定流量经过三通球阀（TV-1）注入反应器顶部。加热型平流原料泵流量控制范围为 0.1 ～ 20mL/min，泵头耐热 130℃。原料罐容积 3L，耐压 2.5MPa。

3. 反应系统

气相经过静态混合器（HH）后混合，与计量后的液相混合进入反应器进行催化反应。反应器由反应炉进行加热，以保证反应温度。反应器进口安装压力变送器（PI）用于测量反应器进口压力，并装有安全阀（AN-1）以防反应器压力超过正常值。装置配有 3 种规格反应器，用于不同量催化剂充填。内径为 42mm，有效长度 1000mm，用于充填 10 ～ 50mL 量的催化剂。反应器工作温度为室温约 550℃，工作压力为 10MPa。反应炉（FRN-101）为开式加热炉，分 4 段控温，分别为 TIC03、TIC04、TIC05、TIC06，每段加热功率 1.5kW。反应器内有测温探头（TI01、TI02、TI03）。温控仪为程序升温，带上限报警功能，固态继电器输出。热电偶为 K 型。反应器出口设计有采样口，通过阀（GV-11）、阀（GV-12）采样，保证反应过程中实时采样分析。

4. 冷凝分离系统

经过反应器反应后的产物，经冷凝器（HE-1）冷凝，进入气液分离器（V-1）进行气液分离。气液分离器（V-1）分离后的产物分为气相和液相两部分。

根据反应的需要，可以调节冷凝器（HE-1）的进水量，以控制冷凝产物的最终温度。

5. 液位控制及回收系统

气液分离器（V-1）中的液位通过压力显示计（PIT）测量，并经过液位气动调节阀（MV-1）进行液位调节。经过滤器（F-5）、液位调节阀（MV-1）流出的液相进入产品罐中，并从球阀（GV-21）放出进行称量。针阀（RV-1）和球阀（GV-20）为液位调节阀（MV-1）的旁路阀。

6. 尾气自动排放计量和循环增压系统

经过气液分离器（V-1）分离后的不凝气体（主要为 H_2），经过冷却器（HE-2）再次冷却后气体经球阀（GV-22）和过滤器（F-6）的过滤，再经背压阀（PBV-1）调节，保证系统压力稳定，流出的气体经转子流量计（RF-1）计量后放空处理。采样阀（HV-65）可实时采样。背压阀（PBV-1）调节压力控制范围：0 ～ 2500psi。气体流量计（RF-1）流量测量范围 0 ～ 0.2m^3/h。

经过冷却器（HE-2）冷却后气体中含大量加氢反应过剩的 H_2，也可经球阀（GV-23）进入缓冲罐（V-3），再经球阀（GV-24）、过滤器（F-9）、增压泵、单向阀（CV-4）、球阀

（GV-27）进入缓冲罐（V-4），最后气相再经球阀（GV-32）过滤器（F-8）、减压阀（PCV-3）、过滤器（F-7）、质量流量控制器（FT/FV-3）单向阀（CV-3）进入静态混合器（HH）与新氢混合进行加氢反应。

7. 控制系统

（1）智能型控温、测温、测压模块，插件；
（2）计算机与控制、采集软件；
（3）压力传感器（笔式，0 ～ 0.25MPa）、测温传感器（K 型热电偶，直径 1 ～ 1.5mm，长 600mm）。

三、技术指标

（1）最高使用压力：10 MPa;
（2）反应器最高使用温度：550℃;
（3）气体质量流量计（美国 Brooks）：
H_2：80 ～ 4000mL/min，
N_2：20 ～ 1000mL/min，
循环 H_2：20 ～ 1000mL/min，
（4）管式反应器：尺寸 Φ42mm×7mm×1000mm，材质不锈钢 316L;
（5）催化剂填装量：10 ～ 50mL;
（6）设备最大进料量：5mL/min。

四、固定床反应器结构

反应器结构如图 6.1 所示：

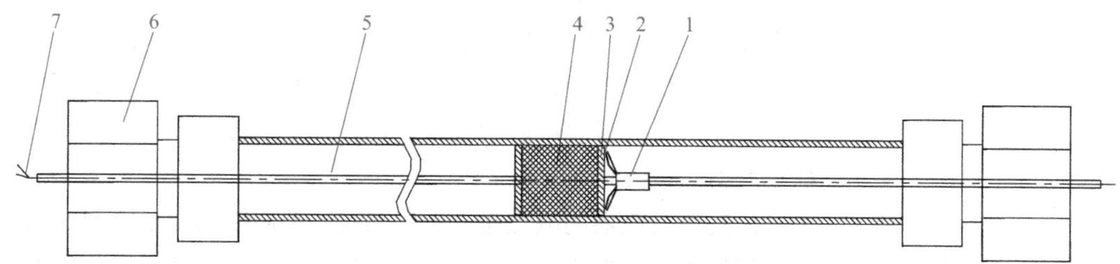

图 6.1　不锈钢固定床反应器结构图

1—三脚架；2—不锈钢丝网；3—玻璃棉；4—催化剂；
5—测温套管；6—螺帽；7—热电偶

五、原料来源

本装置的原料为重质油和氢气，还有清洗装置用的一些溶剂，具体如表 6.1 所示。

表 6.1　原料的物化性质

化学名称	别名	分子式	相对密度（20℃）	沸点/℃	闪点（闭口）/℃	火灾危险性	爆炸极限体积比 /%	毒性
氢气	液氢	H_2	0.089g/L			易燃 易爆	4.0 ～ 75.6	无毒
重质油			>0.931	>350		易燃		有毒

任务 2　熟悉重油加氢试验装置工艺原理及过程

一、固定床反应器原理

固定床反应器又称填充床反应器，是装填有固体催化剂用以实现多相反应过程的一种反应器。固体物通常呈颗粒状，粒径 2 ～ 15mm 左右，堆积成一定高度（或厚度）的床层。床层静止不动，流体通过床层进行反应。它与流化床反应器及移动床反应器的区别在于固体颗粒处于静止状态。固定床反应器主要用于实现气固相催化反应，如氨合成塔、二氧化硫接触氧化器、烃类蒸气转化炉等。用于气固相或液固相非催化反应时，床层则填装固体反应物。涓流床反应器可归属于固定床反应器，气、液相并流向下通过床层，呈气液固相接触。

M6.1 径向固定床反应器

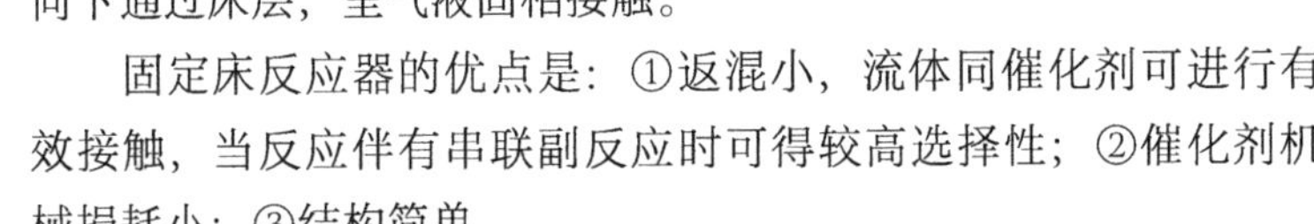

固定床反应器的优点是：①返混小，流体同催化剂可进行有效接触，当反应伴有串联副反应时可得较高选择性；②催化剂机械损耗小；③结构简单。

固定床反应器的缺点是：①传热差，反应放热量很大时，即使是列管式反应器也可能出现飞温（反应温度失去控制，急剧上升，超过允许范围）；②操作过程中催化剂不能更换，催化剂需要频繁再生的反应一般不宜使用，常以流化床反应器或移动床反应器代之。

二、重油催化加氢原理

重油的催化加氢是指在催化剂、氢气存在下对重质油（包括渣油）进行的加工过程，一方面可以处理高硫、高残炭、高金属的劣质重油，另一方面可以提高液收率和液体产物的质量。同时可以和其他工艺进行组合，特别是重油加氢和催化裂化组合工艺。根据加氢过程原料的裂解程度分为加氢处理和加氢裂化两大类。

M6.2 加氢裂化反应工艺

1. 加氢处理

加氢处理是原料中的非烃类化合物和氢气在催化剂上所进行的反应，可以除去油品中的硫、氮、氧杂原子及金属杂质，同时还使烯烃、二烯烃、芳烃和稠环芳烃选择加氢饱和，从而改善重油的品质和使用性能，提高油品的安定性，减少对环境的污染。

（1）加氢处理反应

加氢精制主要的任务是脱除杂质，其主要脱除的杂质是硫、氮、氧、烯烃和金属。

① 加氢脱含硫、含氮、含氧化合物：含硫、含氮、含氧等非烃类化合物与氢发生氢解反应，分别生成硫化氢、氨、水和相应的烃，进而从油品中除去。这些氢解反应都是放热反应，在这几种非烃化合物的氢解反应中，含氮化合物的加氢反应最难进行，含硫化合物的加氢反应最易进行，含氧化合物的加氢反应居中，即三种杂原子化合物的加氢稳定性依次为：含氮化合物 > 含氧化合物 > 含硫化合物。

② 加氢脱金属：金属有机化合物大部分存在于重质石油馏分中，特别是渣油中。金属有机化合物在加氢处理条件下会发生氢解，生成的金属会沉积在催化剂表面上造成催化剂的活性下降，并导致床层压降升高。所以催化加氢催化剂要周期性地进行更换。

③ 加氢饱和反应：在各类烃中，环烷烃和烷烃很少发生反应，而大部分的烯烃与氢反应生成饱和的烷烃。

除此外，在加氢处理条件下，还会发生异构化反应和加氢裂化，只是程度不显著。

（2）加氢精制催化剂

加氢精制催化剂是以多孔性材料氧化铝作为载体，其活性组分有铂、钯、镍等金属和钨、钼、镍、钴的混合硫化物，它们对各类反应的活性顺序为：

加氢脱硫 Mo-Co> Mo-Ni> W-Ni> W-Co

加氢脱氮 W-Ni> Mo-Ni> Mo-Co> W-Co

加氢饱和 Pt-Pb> Ni>W-Ni> Mo-Ni> Mo-Co> W-Co

为了保证金属组分以硫化物的形式存在，在反应过程中需要一个最低比例的 H_2S 和 H_2 混合气分压，低于这个比例，催化剂活性会降低和逐渐丧失。

2. 加氢裂化

加氢裂化是重质原料油在催化剂和氢气存在下进行催化加工，生产各种轻质燃料油的工艺过程。其实质是加氢和催化裂化这两种反应的有机结合，可以将低质量的重质油转化成优质的轻质油。加氢裂化的目的是将大分子裂化为小分子以提高轻质油的收率，同时除去一些杂质，使反应生成的不饱和烃饱和。

(1) 加氢裂化反应

石油烃类在高温、高压及催化剂存在下，通过一系列化学反应，使重质油品转化为轻质油品，其主要反应包括：裂化、加氢、异构化、环化及脱硫、脱氮和脱金属等。

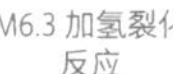

M6.3 加氢裂化反应

① 烷烃：烷烃加氢裂化反应包括两个步骤，一是原料分子在C—C 键上的断裂，二是反应中生成的烯烃先进行异构化随即加氢生成异构烷烃。烷烃加氢反应速度随着烷烃分子量增大而加快，异构化的速度也随着分子量增大而加快。

② 烯烃：烷烃分解和带侧链环状烃断链都会生成烯烃。在加氢裂化条件下，烯烃加氢变为饱和烃，反应速度最快。除此之外，还进行聚合、环化反应。

③ 环烷烃：单环环烷烃在过程中发生异构化、断环、脱烷基以及不明显的脱氢反应。双环环烷烃和多环环烷烃首先异构化生成五元环的衍生物然后再断链。反应产物主要由环戊烷、环己烷和其他烷烃组成。

④ 芳烃：单环芳烃的加氢裂化不同于单环环烷烃，若侧链上有三个碳原子以上时，首先不是异构化而是断侧链，生成相应的烷烃和芳烃。除此之外，少部分芳烃还可能进行加氢饱和和生成环烷烃然后再按环烷烃的反应规律继续反应。

双环、多环和稠环芳烃加氢裂化是分步进行的，通常一个芳香环首先加氢变为环烷烃，然后环烷烃的环断开变成单烷基芳烃，再按单环芳烃反应规律进行反应。在氢气存在条件下，稠环芳烃的缩合反应被抑制，因此不易生成焦炭产物。

⑤ 非烃类化合物：原料油中的含硫、含氮、含氧化合物，在加氢裂化条件下进行加氢反应，生成硫化氢、氨和水被除去。因此，加氢产品无需另行精制。

（2）加氢裂化催化剂

根据催化原理，加氢裂化反应可分为两大类：一类是脱杂质、多环芳烃和单环芳烃的加氢饱和，该类反应由催化剂的金属加氢功能完成；另一类是加氢脱烷基、加氢开环、加氢裂化和加氢异构化，该类反应由催化剂的载体酸性功能促进完成。

M6.4 加氢裂化催化剂

加氢裂化催化剂是硅酸铝负载稀有金属（如 Ni-Co-Fe，Mo-W-U）的催化剂。通过改变硅铝比来控制加氢脱烷基、加氢开环、加氢裂化和加氢异构化的程度。裂化反应随着催化剂中硅含量的增加而增强。金属硫化物能控制脱硫反应、脱氮反应和烯烃、芳烃的加氢等反应。

工业上，根据所要处理的原料和所需产品的性质来选择不同催化剂体系。一般情况下，通过采用两个或多个具有不同酸性功能和加氢功能的催化剂得到合适的催化剂体系。

三、工艺流程说明

重油加氢催化剂评价系统是一套用高温、高压催化剂进行气、液多用途评价的反应装置，适用于对催化剂进行固定床气、液相初活性及稳定性的考察。

工艺流程见图 6.2。该装置由两路气体原料、一路液体原料、一路气体循环组成。氢气通过减压阀、过滤器、质量流量计，进入静态混合器 HH，与来自尾气循环增压系统的循环氢进行混合。液体原料油经自带预热的原料罐预热后，由原料泵输送至反应器顶部，与来自静态混合器的混合氢混合进入不锈钢反应器，加氢反应完的物料经冷凝器 HE-1 到气液分离器 V-1，分离的气相进入尾气循环增压系统，经冷却器 HE-2、缓冲罐 V-3、氢气增压循环泵 H-25、缓冲罐 V-4、过滤器、质量流量计，进入静态混合器 HH。反应生成的液体物料从气液分离器 V-1 底部经过滤器、调节阀进入产品罐。

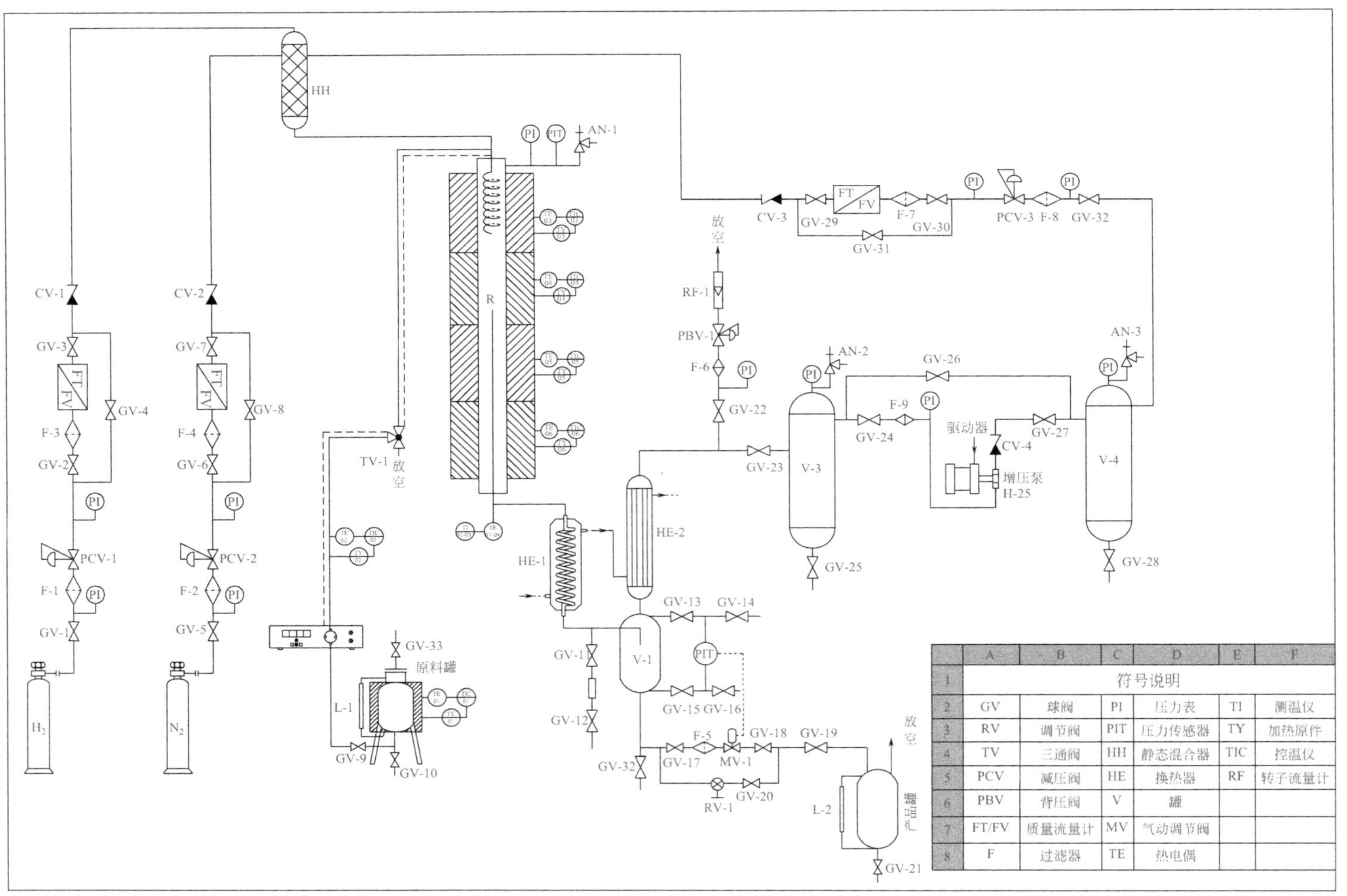

图 6.2　重油加氢实验装置工艺流程示意图

装置的面板仪表布置见图 6.3。装置的 DCS 控制界面见图 6.4。

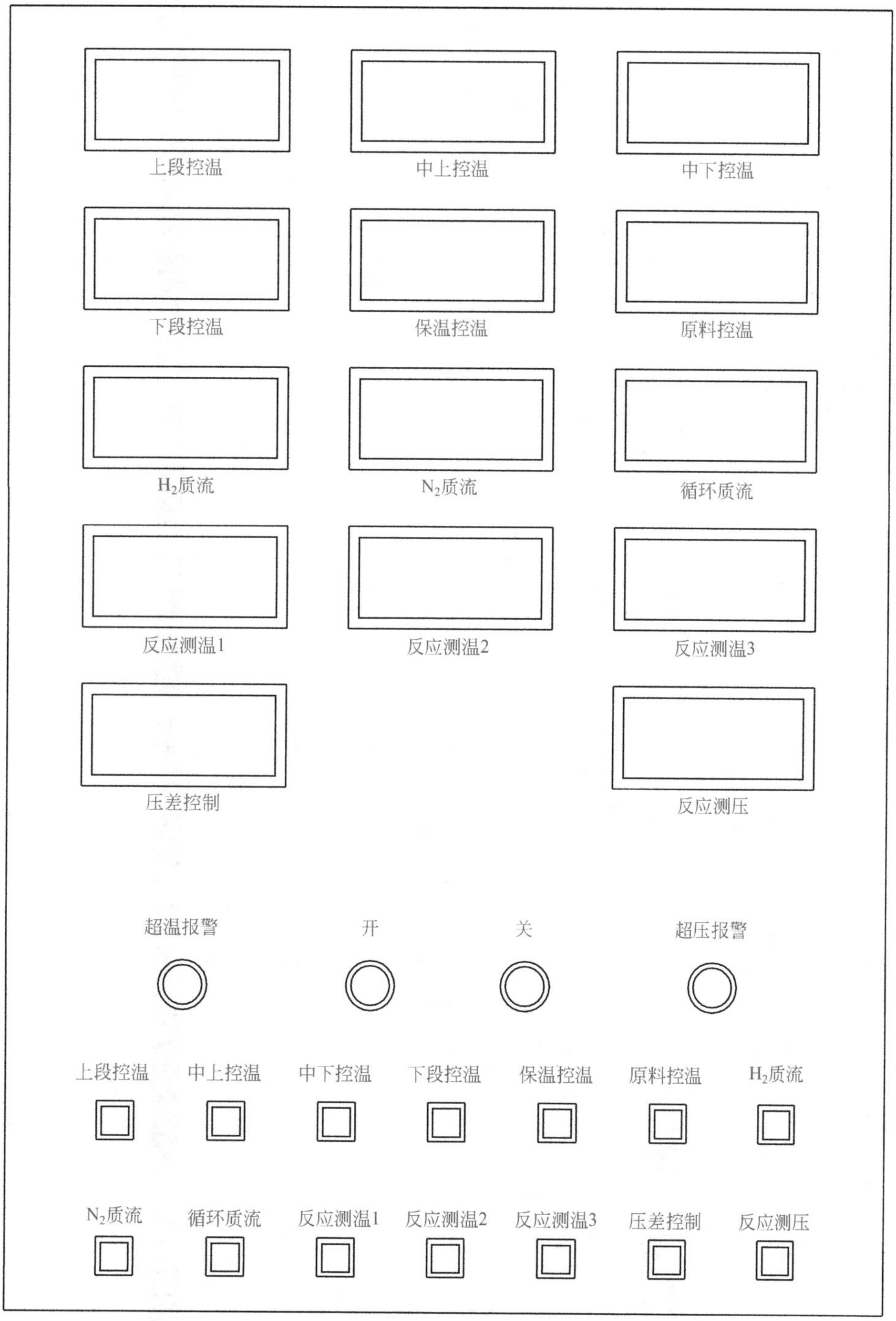

图 6.3　装置的面板仪表布置图

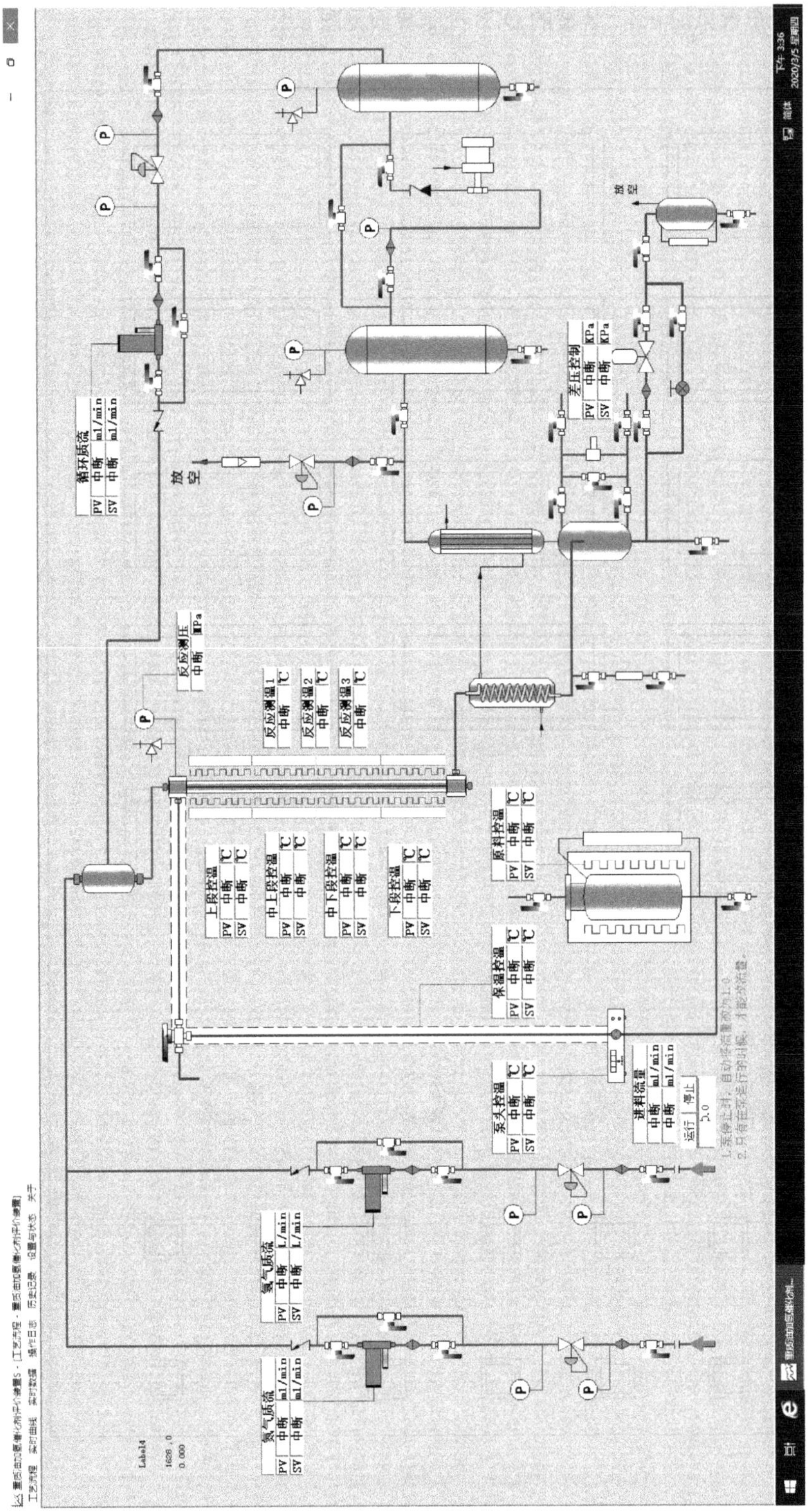

图 6.4　装置 DCS 控制界面图

项目二　重油加氢试验装置岗位操作规程

任务1　重油加氢试验装置的操作

一、操作前的准备工作

1. 反应器的拆卸

打开反应器加热炉，卸下反应器的上下连接处接头，从炉内取出反应器（拆卸时先将测温热电偶拔出）。在设备外部将上下法兰压紧螺帽松开，旋转推出，若反应器内上部有玻璃棉，用带有倒钩的不锈钢丝将其取出，并倒出催化剂，再取出反应器下部的玻璃棉，最后用镊子夹住沾有丙酮的脱脂棉擦拭一下热电偶套管，同样擦拭反应器内部，用洗耳球吹干。

2. 催化剂的装填

装填催化剂时要先将下法兰装好，后装玻璃棉测好位置，倒入催化剂，最后再装入玻璃棉。装好上法兰，拧紧螺帽放回反应炉内支撑好，连接好上下连接处接头，插入热电偶（其顶端位置应根据装在反应器内催化剂的高度而定）。催化剂的加入量以实验的要求而定，装催化剂要通过小漏斗装入反应器。装填时要轻轻震动反应器使催化剂在反应器中互相密实，不架桥，分布均匀。催化剂上部可再放入少许玻璃棉，也可在催化剂的上部放入20～40目的陶瓷颗粒或石英砂，最后再放些玻璃棉，并套上上盖螺帽并用扳手拧紧，再拧紧热电偶套管上密封螺帽。装好催化剂后将反应器放入炉内，并拧紧各管路接头，插上各测温点热电偶，进行下一步试漏工作。

3. 试漏

为了操作安全与物料进出平衡及数据准确，实验前必须进行试漏，试漏方法如下：

(1) 关闭尾气调节阀和背压阀，关闭原料罐加料阀门。

(2) 将氮气钢瓶或者空气压缩机（两者选一，未采用者关闭进口阀门）与气体管路接头连接好，依次开启相关阀门，向设备内通氮气或通压缩空气，通过质量流量计旁路充入氮气或空气。压力至0.08～0.1MPa后停止加气，并关闭进气阀门。

(3) 观察压力表在10min内有无下降，如有下降用肥皂水涂拭各连接接头，找出漏点重新拧好。漏点拧紧后再进行试漏，直到合格，打开各部阀门。

注意：在试漏前应首先确定反应介质是气体还是液体或两者都有。如果仅仅是气体就要关闭液体进口。不然，在操作中有可能会从液体加料泵管线部位发生漏气。

二、开车操作

1. 升温和温度控制

(1) 检查各设备是否完好，热电偶有无脱落，与加热电路接线是否正确，检查无误后方可开启电源总开关和分开关。

(2) 通入氮气吹扫，氮气流量为 0.3L/min，通气 3min 后打开氢气阀通入氢气，关闭氮气阀。

(3) 根据实验要求确定反应系统压力，由进气质量流量计控制氢气流量，高压操作时必须靠调节背压阀维持系统压力，流量则靠调节质量流量计给定值自动控制。

(4) 给定反应器加热炉温度，反应加热炉分为四段加热，温度给定一般是上下段设定为同一温度，中上和中下段设定为同一温度，而且上下段温度低于中上段、中下段温度 50 ～ 100℃，亦可自行测定后，再确定上、下段给定的温度。

(5) 对原料罐原料、进料管线伴热和泵头设定温度（不超过 120℃）进行预热。

(6) 打开原料泵开关，将一定流量的液体与来自静态混合器的气相原料混合进入反应器顶部，在反应器内进行反应。

(7) 反应后的气液从反应器底部出来，通过冷凝器冷凝，冷凝后的气液通过气液分离器将其分离，气体经冷却器冷却进入尾气循环压缩系统，由进气质量流量计控制流量，最后加入静态混合器。若尾气不循环，气体通过转子流量计计量后放空。分离的液体从气液分离器底部出来，到产品罐，得到液体产品。

(8) 反应器分四段控温，最高使用温度 550℃，在操作过程中严格控制实验操作温度，防止超温现象，减少活性组分的变化，避免烧结、分解等造成催化剂失活。

(9) 每隔一定时间取一次样，用色谱仪分析。记录反应器的温度、压力、原始气体组成和进料流速。

2. 注意事项

(1) 升温时要将仪表参数 OPH（输出上限值）控制在适当范围，但不能过高，以防止过度加热，而热量不能及时传给反应器则造成炉丝烧毁，此后根据要求设置升温段。

(2) 温度控制仪的使用详见说明书 (AI 人工智能工业调节器说明书)，加热型平流泵（原料泵）的使用相见说明书（2PB 系列加热泵使用手册），不允许不了解使用方法就进行操作，这样会损坏仪表。

(3) 当控温效果不佳偏差较大时，可将仪表参数 CTRL（控制方式）改为 2 使控温仪表进行自整定。温度稳定后可通入液体物料，若反应物不是液体，则在升温中就可通气。

(4) 反应器温度控制是靠插在加热炉内的热电偶感知其温度后传送给仪表去执行的，它靠近加热炉丝，其值要比反应器内高，反应器的测温热电偶是插在反应器的催化剂床层内的，故给定值必须微微高些 (指吸热反应)。

(5) 预热器的热电偶直接插在预热器内，用此控温，温度不要太高，对液体进料来说能使它汽化即可。也可不安装预热器而直接将物料送入反应器顶部，因为反应器有很长的加热段，可以起预热作用。

(6) 在操作中给定电流不能过大，过大会造成加热炉丝的热量来不及传给反应器，因过热而烧毁炉丝。待温度接近要求值时，通入反应介质，拉动测温热电偶找出床层最高点(指放热反应)，此后可进入反应阶段。

(7) 当改变流速时床内温度会改变，故调节温度一定要在固定的流速下进行。

(8) 质量流量计使用前要开机预热 10min，详见质量流量计使用说明书。

三、停车操作

(1) 首先停止进料（包括液料和气料），然后通入氮气吹扫。

(2) 将各控温仪表设置为 0℃，系统开始降温。

(3) 待温度降至 200℃关闭电源。

(4) 关闭反应气体阀门。

四、安全操作

(1) 必须熟悉仪器的使用方法。

(2) 升温操作一定要有耐心，不能忽高忽低乱改乱动。

(3) 流量的调节要随时观察，及时调节，否则温度也不容易稳定。

(4) 保证设备接地良好，防止发生触电危险。

(5) 设备使用最大进料流量为 5mL。

(6) 系统压力不能高于设计压力，特别是不能高于各种检测仪表的量程，使用气体加压时必须格外小心。

(7) 设备的阀门都为手动操作，请按试验步骤预先设计好试验流程走向，任何一个阀门的操作错误均可能导致整个试验的失败。

(8) 系统在高温操作时，必须戴绝热手套，以免烫伤。

五、故障处理

(1) 开启电源开关指示灯不亮，并且没有交流接触器吸合声，则保险坏或电源线没有接好。

(2) 开启仪表各开关时指示灯不亮，并且没有继电器吸合声，则分保险坏或接线有脱落的地方。

(3) 开启电源开关时有强烈的交流震动声，则是接触器接触不良，反复按动开关可消除。

(4) 仪表正常但电流表没有指示，可能保险坏或固态继电器坏。

（5）控温仪表、显示仪表出现四位数字，则告知热电偶有断路现象。

（6）反应系统压力突然下降，则有大泄漏点，应停车检查。

（7）电路时通时断，有接触不良的地方。

（8）压力增高，尾气流量减少，系统有堵塞的地方，应停车检查。

（9）当尾气转子流量计有液体出现时，说明冷却水加入量不够，需增加水量；或者是由反应温度过高造成，则需降低反应温度。

任务 2　原始数据的记录及处理

原始数据记录及处理见表 6.2 ～表 6.5。

表 6.2　原始数据记录表

时间	气体进料		液体进料		反应器								压差控制/kPa
	氢气质流/（L/min）	循环质流/（mL/min）	原料温度/℃	进料流量/（mL/min）	上段/℃	中上段/℃	中下段/℃	下段/℃	反应测温 1/℃	反应测温 2/℃	反应测温 3/℃	反应测压/MPa	

表 6.3　物料平衡

序号	1	2	3	4	5	6
取样时间						
反应物料质量/g						
反应后物料质量/g						
损失/g						
产率/%						

表 6.4　催化剂评价实验工艺条件

反应压力 /MPa	
氢油体积比	
总体积空速 /h^{-1}	
反应温度 /℃	

表 6.5　催化剂评价结果

W（C_5^+ 液体收率）/%	
产品发布及性质	
W（轻石脑油收率，HK ～ 65℃）/%	
W（重石脑油收率，65 ～ 180℃）/%	
芳潜 /%	
W（柴油收率，180 ～ 320℃）/%	
凝点 /℃	
十六烷值	
W（尾油，>320℃）/%	
BMCI 值（芳烃指数）	

注：重油加氢得到的反应油料经原油实沸点蒸馏装置进行分离切割，得到轻石脑油、重石脑油、柴油和尾油等 4 种馏分油。

创新训练

高等职业教育培养产业转型升级和企业技术创新需要的发展型、复合型和创新型的技术技能人才。为推进创新创业教育改革，提升学生的创新意识和创新能力，在专业实训中，把学习自主权还给学生，打破“计划型”弊端，拓宽学生的专业视野。

以重油加氢试验实训为例，以石油炼制和石油化工专业专科生和应用型本科生为培养对象，开展了科研创新能力的训练和培养。通过基于加氢装置的试验设计路线、优化工艺条件、结果分析等方面的探索与实践，激发学生的自主学习兴趣，培养了学生的创新思维模式，强化学生独立思考、分析和解决问题的能力，最终提升了学生的技术创新能力和综合素质。创新训练流程见图 6.5，创新实验项目立项申请书见工作手册资料部分。

学习情境 6 工作手册资料包

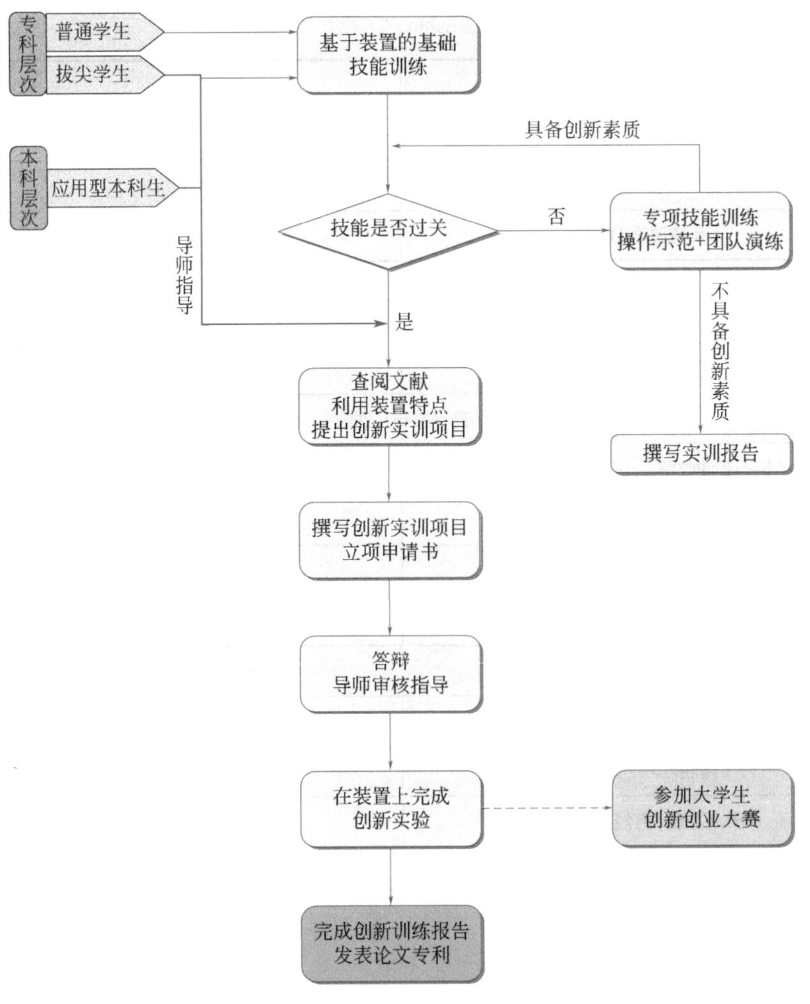

图 6.5　创新训练流程

拓展提升

悬浮床加氢技术的发展

悬浮床加氢技术最早应用于煤化工领域。该工艺是在高温高压的反应条件下，将原料油、氢气和催化剂在加氢反应器中实现气液固三相充分混合，提高加氢效率。和固定床等其他床层相比较，悬浮床具有工艺流程简单、操作条件灵活、原料油适应性强、床层压降小、不堵塞床层等优点。

1. 国外技术进展

当前国内外悬浮床的研究进度不一，部分处于中试阶段，部分已完成工业化。当前国外知名企业主要悬浮床技术有委内瑞拉PDVSA公司的HDH Plus技术，意大利Eni公司的EST技术，UOP公司的Uniflex SHC技术，BP公司的VCC技术。HDH Plus工艺选用Fe系和Mo系催化剂，该技术的最大特点是通过加入焦炭抑制生焦和调节产物分布。原料油转化率在83%～93%，馏分油收率在100%以上，尾油产量10%以下。EST渣油悬浮床的核心技术是悬浮床反应器的设计及分散型催化剂的开发，在高分散MoS_2催化剂的作用下，渣油在悬浮床反应器中进行加氢裂化反应。该技术最大特色是采用了尾油循环系统，通过尾油循环提高原料油转化率。Uniflex SHC技术优势在于氢气循环利用和催化剂良好的抑制生焦性能。

2. 国内技术进展

国内悬浮床加氢技术主要有中国石油大学（华东）研发的UPC技术、煤炭科学研究总院研发的煤焦油悬浮床/浆态床加氢工艺及配套催化剂技术以及三聚环保有限公司开发的超级悬浮床技术（MCT）。UPC技术的最大特点是可针对不同原料采用一次性通过、蜡油循环或尾油循环加工处理方式，当催化剂加入量为0.01%时，原料油一次性转化率能够达到90%，现已建成200万t的重质油悬浮床加氢装置。煤焦油悬浮床/浆态床加氢技术先将煤焦油切割成轻馏分油和重油，其中轻馏分油（或脱酚以后）作为加氢精制的原料，重油与粉状催化剂、氢气、循环油混合作为悬浮床反应器的进料，用于制备轻馏分油和重油。MCT技术适用高硫、高氮、高金属、高残炭、高酸原料油，单元总转化率96%～99%，轻油收率92%～95%，该技术目前已经实现工业化。

双语环节

Catalytic hydrocracking is a refining process that uses hydrogen and catalysts at relatively low temperature and high pressures for converting middle boiling points to naphtha, reformer charge stock, diesel fuel, jet fuel, or high-grade fuel oil. The process uses one or more catalysts, depending upon product output, and can handle high-sulfur feedstocks. Hydrocracking is used for feedstocks that are difficult to process by either catalytic cracking or reforming, because the feedstocks are usually characterized by a high polycyclic aromatic content or high concentrations of olefins,sulfur, and nitrogen compounds.

催化加氢裂化是一种炼油工艺，在较低温度和较高压力下利用氢气和催化剂把中沸点馏分油转换成石脑油、重整原料、柴油、喷气燃料或优质燃料油。该工艺采用一种或多种催化剂（取决于产品产量），并且能够处理高硫原料。加氢裂化工艺用于处理催化裂化和重整工艺难以加工的原料油。因为这些原料油的特点是多环芳烃含量高或烯烃、硫和氮化物浓度高。

思政元素

创新精神

创新精神是指要具有能够综合运用已有的知识、信息、技能和方法，提出新方法、新观点的思维能力和进行发明创造、改革、革新的意志、信心、勇气和智慧。

创新精神是一个国家和民族发展的不竭动力，也是一个现代人应该具备的素质。创新精神提倡独立思考、不人云亦云，并不是不倾听别人的意见、孤芳自赏、固执己见、狂妄自大，而是要团结合作、相互交流，这是当代创新活动不可少的方式：创新精神提倡胆大、不怕犯错误，并不是鼓励犯错误，只是强调错误认识是科学探究过程中不可避免的；创新精神提倡不迷信书本、权威，并不是反对学习前人经验，任何创新都是在前人成就的基础上进行的；创新精神提倡大胆质疑，而质疑要有事实和思考的根据，并不是虚无主义地怀疑一切。总之，要用全面、辩证的观点看待创新精神。

只有具有创新精神，我们才能在未来的发展中不断开辟新的天地。创新精神是一个民族的重要素质，一个民族如果没有创新精神，就会永远落后，在科学技术迅猛发展、社会激烈竞争的时代就会逐渐走向衰亡。总之，培养创新精神是时代的需要、素质教育的需要、科学教育的需要，应该成为职业教育的重要目标。

考核评价

为了准确地评价本课程的教学质量和学生学习效果，对本课程的各个环节进行考核，以便对学生的评价公正、准确。考核评价模式如图 6.6 所示。

综合考虑任务目标、教学目标和具体学习活动实施情况，整个评价过程分为课前、课中和课后3个阶段。课前考评个人学习笔记，考查个人原理知识预习情况；课中考评小组工作方案制定及汇报、个人工艺原理测试、个人技能水平和操作规范、团队创新实验项目设计和实施、个人职业素质和团队协作精神；课后考评个人实验实训总结报告或创新实验总结报告（重油加氢试验装置实训报告和创新实验总结报告见工作手册资料部分）。并且设计10分附加分，作为学生学习进步分，每天考核成绩有进步的同学都能不同程度获得进步分，进步分最高为10分，以形成激励效应。

实验实训结束后，由企业导师和实训教师根据实训考核标准，对每位同学进行考核，评出优、良、中、及格、不及格五个等级。

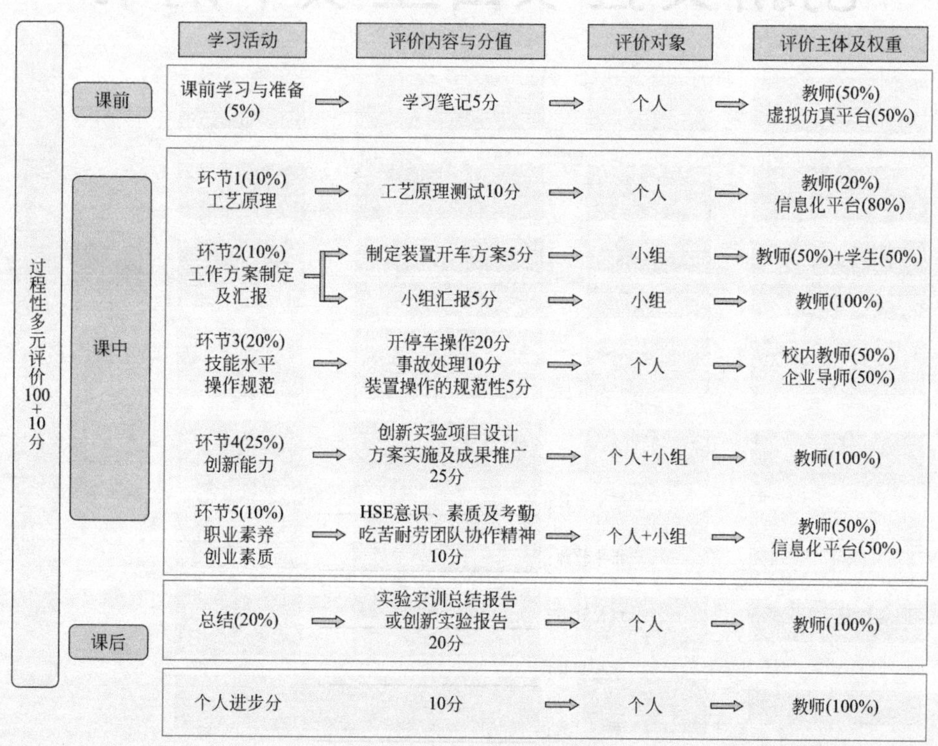

图6.6　考核评价模式

工作手册资料

创新实验项目立项申请书

题　　目：____________________

指导教师：____________________

组长姓名：____________________

学生学号：____________________

专　　业：____________________

年　　月

创新实验项目立项申请书

<table>
<tr><td>项目名称</td><td colspan="3"></td></tr>
<tr><td>项目负责人</td><td></td><td>专　业</td><td></td></tr>
<tr><td>联系电话</td><td></td><td>完成时间</td><td></td></tr>
<tr><td>小组成员</td><td colspan="3"></td></tr>
<tr><td colspan="4">一、选题的背景及意义（国内外研究情况，存在的问题，课题能解决什么问题）</td></tr>
<tr><td colspan="4">二、实验原理（项目实验的依据和思路）</td></tr>
<tr><td colspan="4">三、所需原材料（试剂原料、仪器设备等）</td></tr>
<tr><td colspan="4">四、技术路线（方案的实施）</td></tr>
<tr><td colspan="4">五、主要参考文献</td></tr>
<tr><td colspan="4">六、指导教师意见及建议

签名:
年　月　日</td></tr>
</table>

重油加氢试验装置实训报告

1 岗位工艺部分

1.1 装置概况

1.1.1 装置简介

1.1.2 装置构成

1.1.3 技术指标

1.2 工艺原理

1.3 工艺流程说明

1.4 工艺流程图

2 岗位操作部分

2.1 实训基本任务

2.2 岗位成员及分工

2.3 岗位开车准备

2.4 岗位正常开车步骤

2.5 岗位停车操作步骤

2.6 岗位操作典型故障处理

3 原始数据记录及处理

3.1 原始数据记录

3.2 催化剂评价结果

4 岗位安全环保操作部分

4.1 岗位技术安全条例

4.2 岗位安全操作要求

4.3 危险化学品的特性

4.4 岗位劳动保护及劳动环境的安全要求

5 心得体会

创新实验总结报告

［模板样例］

直馏石脑油芳构化实验研究

摘　要：

关键词：

1.研究目的及意义

2.研究内容

3.实验原料及仪器设备

4.实验方法

5.实验结果与讨论

6.实验结论

7.创新特色

8.存在的问题及建议

参考文献

[1] 黄河，刘娜，王雪峰，等 . 悬浮床加氢技术进展 [J]. 应用化工 ,2019,48(06):1401-1406.

[2] Castillo E，Morel F. In: ERTC 11th annual meeting[R].Paris: Ovencas Publishers Association，2006(11) : 1-10 .

[3] Montanari R，Rosi S，Marchionna M，et al . Upgrading petroleum residues with EST process[R]. Rio de Janeiro : 17th World Petroleum Congress，2002: 1-5 .

[4] Rana M S，Samano V，Ancheyta J，et al . A review of recent advances on process technologies for upgrading of heavy oils and residua[J]. Fuel，2007，86 (9) : 1216-1231 .

[5] Motaghi M，Subramanian A，Ulrich B . Slurry-phase hydrocracking-possible solution to refining margins[J]. Hydrocarbon Processing，2011，90 (2) : 37-42 .

[6] 李雪静，乔明，魏寿祥，等 . 劣质重油加工技术进展与发展趋势 [J]. 石化技术与应用 ,2019 (1):1-8.

[7] James H G, Glenn E H, Mark J K. Petroleum Refining Techn-ology and Economics [M]. 5th ed. London: Taylor & Francis Group,2007.

[8] 吴青 . 悬浮床加氢裂化——劣质重油直接深度高效转化技术 [J] . 炼油技术与工程，2014，44 (2)：1-9.

学习情境 7

实沸点蒸馏装置实训

学习目标

一、能力目标

(1) 能够讲述蒸馏原理;

(2) 能够讲述装置的工艺流程;

(3) 能识图和绘制工艺流程图，识别常见设备的图形标识;

(4) 能进行计算机 DCS 控制系统的台面操作;

(5) 会进行实沸点蒸馏全流程操作;

(6) 会监控装置正常运行时的工艺参数;

(7) 会对实沸点蒸馏装置进行清洗操作;

(8) 会对实验得到的数据进行处理及分析。

二、知识目标

(1) 了解原油评价及目的;

(2) 掌握蒸馏原理和特点;

(3) 熟悉装置的生产工序和设备的标识;

(4) 了解实沸点蒸馏装置工艺流程和操作影响因素;

(5) 初步掌握蒸馏装置开车操作、停车操作的方法;

(6) 掌握常用数据处理的化工软件工具和应用场景;

(7) 了解试验装置运行时的环保和安全常识;

(8) 掌握一定量的专业英语词汇和常用术语。

三、素质目标

(1) 具有吃苦耐劳、爱岗敬业、严谨细致的职业素养;

(2) 服从管理、乐于奉献、有责任心，有较强的团队精神;

(3) 能独立使用各种媒介完成学习任务，具有自理、自立和自主学习的能力，以及解决问题的能力;

(4) 能反思、改进工作过程，能运用专业词汇与同学、老师讨论工作过程中的各种问题;

(5) 能内外操通畅配合，具有较强的沟通和语言表达能力;

(6) 具有自我评价和评价他人的能力;

(7) 具有创业意识和创新精神，初步具备创新能力。

实训任务

通过实沸点蒸馏装置的操作，懂得原油评价及目的，学会装置的操作与控制，会对蒸馏所得的各窄馏分进行性质测定，以全面深入了解原油的性质。具体包括：装油、常压蒸馏的操作、减压蒸馏的操作、溶剂洗装置、数据处理及分析等环节，培养学生分析问题和解决问题的能力。

以 4 ~ 6 位学生为小组，根据任务要求，查阅相关资料，制定并讲解原油切割方案，完成装置操作，对实验数据进行处理和分析，撰写实验实训总结报告。

项目设置

项目一　实沸点蒸馏装置工艺技术规程

任务 1　认识实沸点蒸馏装置

原油是石油炼制企业最基础、最核心、最根本的生产原料，在原油加工过程中，原油采购成本占总加工成本的 90% 以上。及时、准确、全面的原油评价是炼油厂进行生产、加工和储运必不可缺的技术准备。在生产过程中，原油评价数据不但可以为一次加工提供依据，而且也是二次加工，如重整、加氢、润滑油生产、渣油加工、焦化、沥青生产等重要的基础数据。同时原油评价还为从事生产和科研的技术工作者提供可靠的分析数据。可见原油评价工作在石油加工和石油研究中处于重要的地位。实沸点蒸馏仪是原油评价中最重要和最基础的设备，能够根据要求对原油进行窄馏分和宽馏分的切割，得到各馏分的收率，然后对宽馏分和窄馏分进一步分析，最终得到全面的原油评价数据。

一、装置介绍

SBD 型微机控制实沸点蒸馏仪，适用于各种不同产地原油的组分、性质评价，以及石油产品的蒸馏实验。通过在该装置上的蒸馏来获得被测样品的各组分含量，从而为生产装置提供基础数据。

为了满足炼油厂及科研部门对原油从初馏到 550℃各组分分布情况了解的需要，SBD 型蒸馏仪将整个蒸馏过程分成两步来完成。首先是塔I常压、减压蒸馏 ，该塔具有 16 ～ 18 块理论塔板，可将原油从初馏切割到 400℃；再将釜移到塔Ⅱ继续深切割，最终可切到 530 ～ 550℃。其中的塔I严格遵守 GB/T 17280—2017 国家标准，在性能上完全符合 ASTM D2892 标准，塔Ⅱ严格遵守 GB/T 17475—2020 国家标准，在性能上等效于 ASTM D5236 标准。

该装置控制系统设置联锁保护系统，可以实时通过操作站对装置进行监控操作。装置品质高、操作自动化程度高（可按照设定自动更换馏出物物料瓶等），安全性能好，运行平稳，试验数据真实可靠。

二、装置构成及特点

实沸点蒸馏装置由蒸馏釜、精馏柱、冷凝器、接收器、压力调节器、真空泵及辅助设备组成。

整个蒸馏过程分为两步，塔I常减压蒸馏和塔Ⅱ进一步深度切割，其中塔I可将原油由初馏点切割到 400℃，塔Ⅱ可最终切割到 530 ～ 550℃（视油品性质而定）。装置特点：

(1) 蒸馏釜：容积 5L 和 10L，外面用电炉加热。

(2) 塔I和塔Ⅱ柱材质全玻璃双层真空镀银（玻璃柱绝热性能好，分离效率高），具有电热保温的精馏柱，柱内放有不锈钢多孔填料，其特点是不需先经过“预润湿”就能充分发挥精馏效果。填料表面上滞留液量较少，适于切取窄馏分。在常压操作时压力降较小。

(3) 塔I精馏柱的理论板为 14 ～ 18 个，可切割初馏到 400℃馏分。精馏柱上下两段中心位置分别放置热电偶两支，精馏柱和保温套管间亦放置两支热电偶，在操作过程中，应使保温套管中指示温度与精馏柱中指示温度之差在 10℃左右。

(4) 回流比 5 : 1 任意可调。

（5）塔Ⅰ系统残压 130Pa，塔Ⅱ系统残压可稳定到 30Pa 以下。（国家标准为 130Pa 和 65Pa）

（6）轻组分收集器深冷可达 -58℃。（国家标准 -20℃）

（7）蒸馏馏分液位自动跟踪，满管自动换管，到切割点自动换管，蒸馏速度可测、可控。

（8）具有自动称重功能。

（9）全封闭铝合金框架，有透明的耐力板保护，有排风口。

（10）塔Ⅰ常压接收，换管后自动封闭馏分管，防止轻组分挥发。塔Ⅱ可减压接收。

三、装置说明

1. 塔Ⅰ

塔Ⅰ是用来对原油从初馏到 400℃进行蒸馏的。其中包括脱丁烷、脱水、常压蒸馏、到 400℃的减压蒸馏。具体配置有：蒸馏系统、接收系统、冷凝冷却系统。

（1）蒸馏系统

① 加热炉升降手柄：顺时针转动时加热炉向下降，逆时针转动时加热炉向上升。在釜与塔对接时要控制好挤压力度，力小时密封不好，力过大容易损坏玻璃件。

② 磁力搅拌电机：由加热炉外壁上的手动开关来控制，电机外壳缠有铜管通冷却水，以防温升过高而损坏电机。

③ 加热炉：由镍铬加热丝和玻璃纤维编制而成，加热功率为 2.5kW。

④ 磁力搅拌转子：由耐高温磁性材料外包聚四氟乙烯而成。

⑤ 蒸馏釜：不锈钢制，容积为 20L。

⑥ 蒸馏釜上部保温罩：由玻璃纤维编制而成。

⑦ 测压接管：不锈钢制。

⑧ 蒸馏塔固定螺母：铁制。

⑨ 安全冷却器：玻璃制，有冷却水夹层以防止高温油进入测压管。

⑩ 氮气扩散器：玻璃制，有冷冻剂夹层用来降低氮气温度。

⑪ 蒸馏塔：不锈钢制，内装 Φ4mm×4mm "θ" 环不锈钢填料。塔内径为 36mm，高度为 640 mm，理论板数 15 ～ 18 块。

⑫ 蒸馏塔保温套：分上下两段，每段加热功率为 1kW，由电热丝与玻璃纤维编制而成。

⑬ 密封胶塞：氟橡胶制，用于玻璃分馏头与金属填料塔之间的密封连接。

⑭ 密封压盖：铜制，用来压紧密封胶塞。

⑮ 差压传感器：测量系统差压，有效量程 0 ～ 4kPa。

⑯ 分馏头：玻璃制，配有气相温度测量接口及回流比控制阀，为确保气相温度测量的准确性，采用了真空夹层镀银结构。

⑰ 气相温度测量传感器：Pt100 铂电阻，用胶塞与分馏头密封连接，Pt100 的精度及灵敏度严格按 ASTM D 2892 附录要求来控制，其头部要置于能露出保护管又碰不到回流阀管的位置。

⑱ 回流比控制线圈：为防止因升温而降低磁力强度，采用低电压直流供电。

⑲ 主冷却器：玻璃制，为满足从初馏到 400℃馏分的冷凝需求，将其分成上下两段。上段用冷冻乙二醇作冷却介质，以满足轻质油冷凝需求；下段用乙醇和水作冷却介质，以满足重组分的冷凝要求。

⑳ 冷凝剂蛇管：不锈钢制，伸入主冷凝器的内部以增大冷凝器的冷却效率。

㉑ 真空接管 1：玻璃制。

㉒ 真空接管 2：玻璃制。

㉓ 绝对压力变送器：用来测量减压蒸馏时的系统压力，有效量程为 0 ～ 18kPa。

㉔ 放空电磁阀：常压蒸馏时，将此阀打开使蒸馏系统与大气相通。同时使轻烃进入丁烷收集器。

㉕ 轻油收集阱：在非正常操作时有可能有轻组分进入真空管线，如果发现该阱内有轻油存在，请称重后倒掉，重新装好。该组分作为收率一部分计算。

㉖ 丁烷收集器：不锈钢制，用低温乙醇来控制收集器温度，使 C_4、C_5 等轻组分能以液体状态回收。

㉗ 真空冷阱：玻璃制，其冷源为低温乙醇，作用是收集进入真空管线内的油气，保护真空泵。如果发现该阱内有油存在，请称重后倒掉，再重新装好，该组分作为收率一部分计算。

㉘ 釜测温、冷却接头：在蒸馏结束后可打开釜冷却水阀，以加快釜内降温速度。

㉙ 真空手扳阀：用来控制蒸馏系统与真空系统的连接，也是真空管路的控制开关。

㉚ 真空泵：排气量为 4L/s。

㉛ 真空调节阀：可用来控制系统压力。

（2）接收系统

接收系统是用来收集切割出的馏分的，通过自动控制接收管的更换来实现自动切割。

① 框架：方形不锈钢管焊接。

② 千斤顶：用来提升转盘接收器。

③ 电机保护罩。

④ 转盘电动机。

⑤ 减速机。

⑥ 接收器密封用“O”形圈。

⑦ 活动框架：方形不锈钢管焊接，用来支撑转盘接收器，在千斤顶落下时可向外拉出以便取样操作。

⑧ 接收器有机玻璃罩。

⑨ 馏分接收管：共 12 个，每个容积为 300mL。

⑩ 接收管转盘：有机玻璃制。

⑪ 接收器馏分入口：不锈钢制，用螺钉与上凸缘连接。

⑫ 馏分中间罐：玻璃制，配有排放控制阀，在更换接收管时可暂存馏分，为使含蜡组分能顺利进入接收器，中间罐配有保温夹层。

⑬ 馏分导管：玻璃制，有保温夹层。

⑭ 中间罐排放控制电磁阀磁力线圈：为防止线圈升温造成磁力减弱，采用低电压直流供电。

⑮ 接收器真空接管：用来平衡接收器与蒸馏系统间的压力。

⑯ 上凸缘：不锈钢制。

⑰ 下凸缘：不锈钢制，采用“O”形圈来实现与转盘轴之间的密封。

（3）冷凝冷却系统

2. 塔Ⅱ

塔Ⅱ是用来对塔Ⅰ蒸馏结束后釜内残油进行深切割的，其最终切割温度可达530～550℃。

（1）蒸馏及接收系统

① 框架：方形不锈钢管焊制。

② 千斤顶：用来提升转盘接收器。

③ 电机保护罩。

④ 转盘电动机。

⑤ 减速机。

⑥ 接收器密封用“O”形圈。

⑦ 活动框架：方形不锈钢管焊制，用来支撑转盘接收器，在千斤顶落下时可向外拉出以便取样操作。

⑧ 接收器有机玻璃罩。

⑨ 馏分接收管：共12个，每个容积为300mL。

⑩ 接收管转盘：有机玻璃制。

⑪ 馏分入口密封圈。

⑫ 馏分入口管：玻璃制，配有保温夹套。

⑬ 馏分入口密封压盖：用螺钉与上凸缘连接。

⑭ 塔Ⅱ馏分中间罐：玻璃制，有保温夹层。

⑮ 真空接管：玻璃制，为防止轻组分进入真空泵，该接管有冷却夹层。

⑯ 磁力线圈用来控制中间罐的排放。

⑰ 绝对压力变送器：用来测量塔Ⅱ系统压力，有效量程为0～0.5kPa。

⑱ 真空冷阱：玻璃制。

⑲ 气相温度测量铂电阻Pt100：其头部要置于流出口下部5㎜处。

⑳ 塔Ⅱ保温套：只保温无加热系统。

㉑ 蒸馏塔：玻璃制，因切割的油品较重，所以无填料，只有塔内设三个球形破沫器，

塔身采用了真空夹层及镀银等绝热措施。

㉒ 手扳阀：用来控制蒸馏系统与真空系统的连接，也是真空调节阀的控制开关。

㉓ 釜测温、冷却接头：不锈钢制。

㉔ 釜保温罩：玻璃纤维纺织。

㉕ 磁搅拌转子。

㉖ 釜加热套。

㉗ 搅拌电机。

㉘ 加热炉升降手柄。

㉙ 真空泵：排气量为 4L/s。

㉚ 上凸缘：不锈钢制。

㉛ 下凸缘：不锈钢制，采用“O”形圈来实现与转盘轴之间的动密封。

㉜ 真空调节阀：可用来控制系统压力。

（2）冷凝冷却系统

3. 自动控制系统简介

该实沸点蒸馏仪的控制系统采用两级式——上位机和下位机控制系统。上位机主要用于对装置进行管理，即设定切割点、显示工艺流程、显示过程数据和控制参数、人机对话、实时换算常减压温度、实时并按馏分切割温度。下位机主要用于对装置过程值进行测量、反馈控制、开环控制、顺序控制、联锁控制、工作状态显示等。

（1）上位机　采用品牌工控机。实沸点装置软件是在 Windows 平台下编制的，人机对话由鼠标来完成。

上位机软件是由工艺流程画面显示程序块、参数给定程序块、数据曲线程序块、报表程序块、用户管理程序块、通信程序块等组成的。

（2）下位机　下位机采用可编程序控制器（PLC）。可编程序控制器是装有程序并与输入输出设备相连的中央处理单元，具有自动诊断、报警、监控等功能，是标准的积木式硬件结构，可根据需要自由组合。实沸点控制系统使用四种特殊模块和一种普通模块。

四、原料来源

本装置的原料为原油，还有清洗装置用的一些溶剂，具体如表 7.1 所示。

表 7.1　原料的物化性质

化学名称	别名	分子式	相对密度（20℃）	沸点/℃	闪点（闭口）/℃	火灾危险性	爆炸极限体积比/%	毒性
乙醇	酒精	CH_3CH_2OH	0.7895	78.4	13	易燃	3.3 ～ 19	微毒
乙二醇	甘醇	$(CH_2OH)_2$	1.1135	197.3	111	可燃		低毒

续表

化学名称	别名	分子式	相对密度（20℃）	沸点/℃	闪点（闭口）/℃	火灾危险性	爆炸极限体积比/%	毒性
石油醚	石油英	C_5H_{12} C_6H_{14} C_7H_{16}	0.64 ～ 0.66	60 ～ 90	＜-20	易燃	1.1 ～ 8.7	低毒
煤油	洋油	C_{11} ～ C_{17}	0.8000	180 ～ 310	43 ～ 72	易燃	0.7 ～ 5.0	低毒
原油	未加工的石油	C_1 ～ C_{70}	0.78 ～ 0.97	30 ～ 600	<65.6	易燃		有毒

任务 2　熟悉实沸点蒸馏原理及过程

一、蒸馏原理

本装置是通过精馏过程，在常压和减压的条件下，根据原料中各组分的沸点（相对挥发度）不同，采用加热的方法从原料中分离出沸点不同的各种馏分。常压蒸馏原理见学习情境 3 的蒸馏原理，本节重点介绍减压蒸馏原理。

1. 减压蒸馏原理

液体的沸点是指它的蒸气压等于外界压力时的温度，因此液体的沸点是随外界压力的变化而变化的，如果借助于真空泵降低系统的内压力，就可以降低液体的沸点，这便是减压蒸馏操作的理论依据。减压蒸馏就是依据液体沸腾时的温度随外界压力的降低而降低的原理，利用抽真空使液体表面压力降低，从而降低液体的沸点。特别适用于那些沸点较高、难以常压蒸馏或在常压蒸馏时易分解、氧化或聚合等热敏性有机化合物的分离提纯。一般把低于一个大气压的气态空间称为真空，因此，减压蒸馏也称为真空蒸馏。

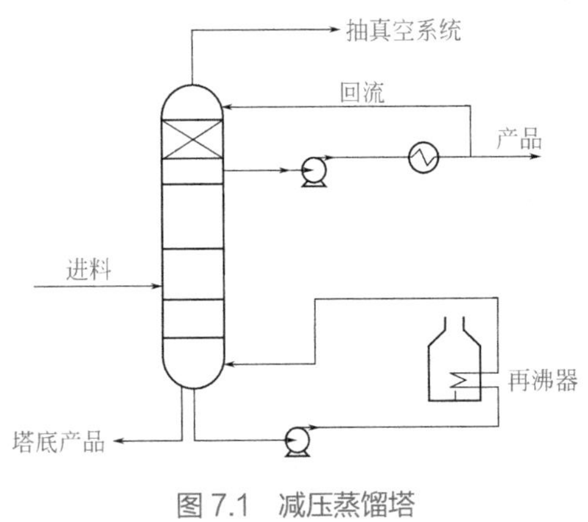

图 7.1　减压蒸馏塔

原油在加热条件下容易受热分解而使油品颜色变深、胶质增加。在常压蒸馏时，为保证产品质量，蒸馏温度一般不高于 370℃，通过常压蒸馏可以把原油中 350℃以前的轻质组分油分馏出来。350℃～ 500℃的重质馏分在常压下则难以蒸出。根据油品沸点随系统压力降低而降低的原理，可以采用降低蒸馏塔压力（2.67kPa ～ 8.0kPa）的方法进行蒸馏，在较低的温度（380 ～ 400℃）下将这些重质馏分油蒸出，故实沸点蒸馏装置在常压蒸馏之后都继之配备减压蒸馏装置（图 7.1）。

2. 减压蒸馏时沸点与压力的关系

在减压蒸馏前，应先从文献中查阅物质在所选择的压力下的相应沸点，如果文献中缺乏此数据，可用下述经验规律大致推算，以供参考。

(1) 经验估算　当减压蒸馏在 1333 ～ 1999Pa（10 ～ 15mmHg）下进行时，压力每相差 133.3Pa（1mmHg），沸点相差约 1℃。

(2) 经验曲线　可用压力温度关系图来查找（如图 7.2），即从某一压力下的沸点可以近似地推算出另一压力下的沸点。可在 B 线上找到常压下的沸点，再在 C 线上找到减压后体系的压力点，然后通过两点连直线，该直线与 A 线的交点为减压后沸点。

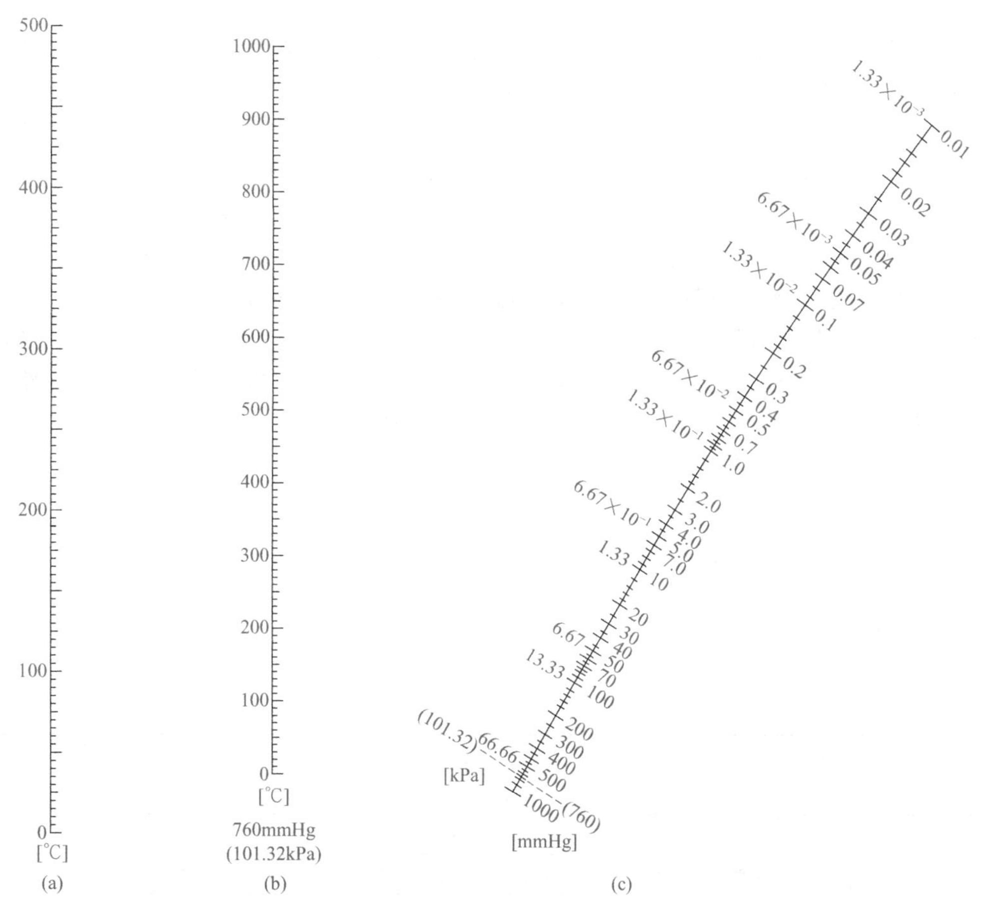

图 7.2　液体在常压下的沸点与减压下的沸点的近似关系图

例如，常压下沸点为 250℃的某有机物，减压到 10mmHg（1333Pa）时沸点应该是多少。可先从图 7.2 中的 B 线（中间的直线）上找出 250℃的沸点，将此点与 C 线（右边直线）上的 10mmHg 的点连成一直线，延长此直线与 A 线（左边的直线）相交，交点所示的温度就是 10mmHg 时的该有机物的沸点，约为 110℃。此沸点，虽然为估计值，但较为简便，有一定参考价值。

(3) 近似计算　沸点与压力的关系也可以近似地用下式求出：

$$\lg p = A + B/T$$

式中，p 为蒸气压，T 为沸点（热力学温度，K）；A，B 为常数。

如以 $\lg p$ 为纵坐标，T 为横坐标，可以近似地得到一直线。从两组已知的压力和温度算出 A 和 B 的数值，再将所选择的压力代入上式即可算出液体的沸点。但实际上许多化合物沸点的变化并不是如此，主要是因为化合物分子在液体中缔合程度不同。

二、实沸点蒸馏过程说明

本方法是对原油进行评价的基本方法。原油经过实沸点蒸馏被分割成一个个窄馏分，然后对各个窄馏分进行性质分析，最后将数据标绘成实沸点蒸馏曲线和性质曲线。这些曲线概括了原油的主要性质，是制定加工方案的依据。实沸点蒸馏装置，还可以用来切取直馏产品，然后对这些宽馏分进行分析研究，评定直馏产品的质量与产率。

实沸点蒸馏装置是一套釜式的常减压蒸馏装置，具有比炼油厂常减压装置更高的分馏能力。原油的实沸点蒸馏过程是间歇式的蒸馏过程，分为三段进行：第一段是常压蒸馏，切取初馏到 200℃的各个馏分；第二段是残压为 10mmHg 左右的减压蒸馏，切取 200 ～ 425℃的各个馏分；第三段是在小于 5mmHg 的残压下，在简易蒸馏装置（不带精馏柱）下的减压蒸馏，通常称为克氏蒸馏，切取 395℃～ 500℃的各个馏分；最后留下 500 ～ 540℃以上的渣油。在第二、三段之间还有冲洗精馏柱以回收其中的滞流液的操作。在放出渣油后，尚需清洗蒸馏釜以回收其中附着的渣油。

三、实沸点蒸馏装置主要设备

主要设备见表 7.2。

表 7.2　主要设备一览表

系统	序号	名称	规格型号	数量	单位	备注
塔I系统						
蒸馏釜系统	1	蒸馏釜	10L；不锈钢材质	1	个	
	2	蒸馏釜冷却器	盘管式；不锈钢材质	1	个	
	3	釜加热套	上下各一个	1	套	
	4	釜搅拌子	耐高温四氟材质	2	个	
	5	釜磁力搅拌器	电机 110/15v1250R/min	1	套	
蒸馏塔系统	6	精馏柱、分馏头	玻璃真空镀银材质；内径 Φ36mm，有效填料高度：570mm	1	个	
	7	精馏柱外罩及保温		1	套	

续表

系统	序号	名称	规格型号	数量	单位	备注
冷凝系统	8	主冷凝器	0.2m^2 换热面积；三层玻璃真空镀银	1	个	
	9	主冷凝器循环浴槽	-20 ～ 50℃	1	台	
馏分冷凝系统	10	馏分冷凝器	三层真空夹套	1	个	
	11	馏分中间罐	三层真空夹套	1	个	
	12	称重传感器		1	个	
馏分接收系统	13	馏分接收器	上下铝盖、转盘接收、步进电机驱动、玻璃罩	1	套	
	14	馏分接收量筒		12	个	
真空系统	15	真空冷阱	玻璃	1	个	
	16	真空泵	2XZ-2B	1	台	
气体收集系统	17	丁烷收集器	含 2 个 swagelok 阀	1	个	
	18	低温循环浴槽	-58℃；进口压缩机	1	台	
塔II系统						
蒸馏釜系统	1	蒸馏釜	6L；不锈钢材质	1	个	
	2	蒸馏釜水冷却器	盘管式；不锈钢材质	1	个	
	3	釜加热套	上下各一个	1	套	
	4	釜磁力搅拌器	电机 110/15v，1250R/min	1	套	
蒸馏塔系统	5	精馏柱	玻璃真空镀银材质	1	个	
	6	精馏柱外罩及保温		1	套	
馏分冷凝系统	7	馏分中间罐		1	个	
	8	馏分接收循环浴槽	常温～ 95℃	1	套	
馏分接收系统	9	馏分接收器	上下铝盖、转盘接收、步进电机驱动、玻璃罩	1	套	
	10	馏分接收量筒	玻璃	14	个	
真空系统	11	真空冷阱	玻璃	1	个	
	12	真空泵	2XZ-4B	1	台	
控制系统						
控制系统	1	PLC 控制系统	FP2	1	套	
	2	电脑	4G 内存	1	套	
	3	电控柜		1	套	

四、工艺流程示意图

塔I流程见 7.3，塔II流程见图 7.4。

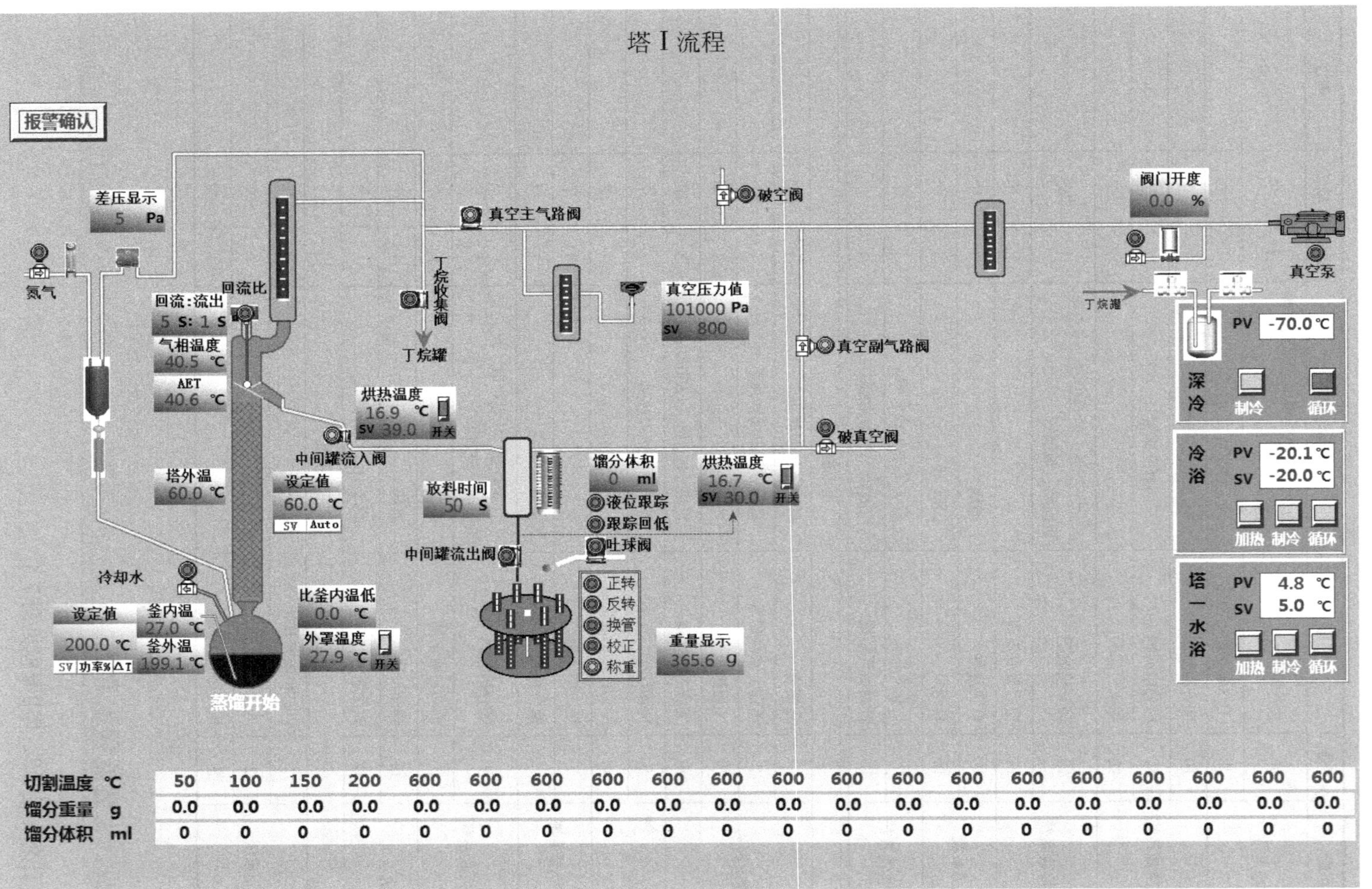
塔 I 流程
报警确认
差压显示 5 Pa
氮气
回流比
回流:流出 5 S: 1 S
气相温度 40.5 ℃
AET 40.6 ℃
塔外温 60.0 ℃
冷却水
设定值 200.0 ℃ SV 功率% ΔT
釜内温 27.0 ℃
釜外温 199.1 ℃
蒸馏开始
真空主气路阀
丁烷收集阀
丁烷罐
烘热温度 16.9 ℃ SV 39.0 开关
中间罐流入阀
设定值 60.0 ℃ SV Auto
比釜内温低 0.0 ℃
外罩温度 27.9 ℃ 开关
放料时间 50 S
中间罐流出阀
馏分体积 0 ml
液位跟踪
跟踪回低
吐球阀
正转
反转
换管
校正
称重
重量显示 365.6 g
真空压力值 101000 Pa SV 800
破空阀
真空副气路阀
破真空阀
烘热温度 16.7 ℃ SV 30.0 开关
阀门开度 0.0 %
真空泵
丁烷罐
深冷 PV -70.0 ℃ 制冷 循环
冷浴 PV -20.1 ℃ SV -20.0 ℃ 加热 制冷 循环
塔一水浴 PV 4.8 ℃ SV 5.0 ℃ 加热 制冷 循环
切割温度 ℃ 50 100 150 200 600 600 600 600 600 600 600 600 600 600 600 600 600 600 600 600
馏分重量 g 0.0 0.0 0.0 0.0 0.0 0.0 0.0 0.0 0.0 0.0 0.0 0.0 0.0 0.0 0.0 0.0 0.0 0.0 0.0 0.0
馏分体积 ml 0 0 0 0 0 0 0 0 0 0 0 0 0 0 0 0 0 0 0 0

图 7.3 塔 I 工艺流程图

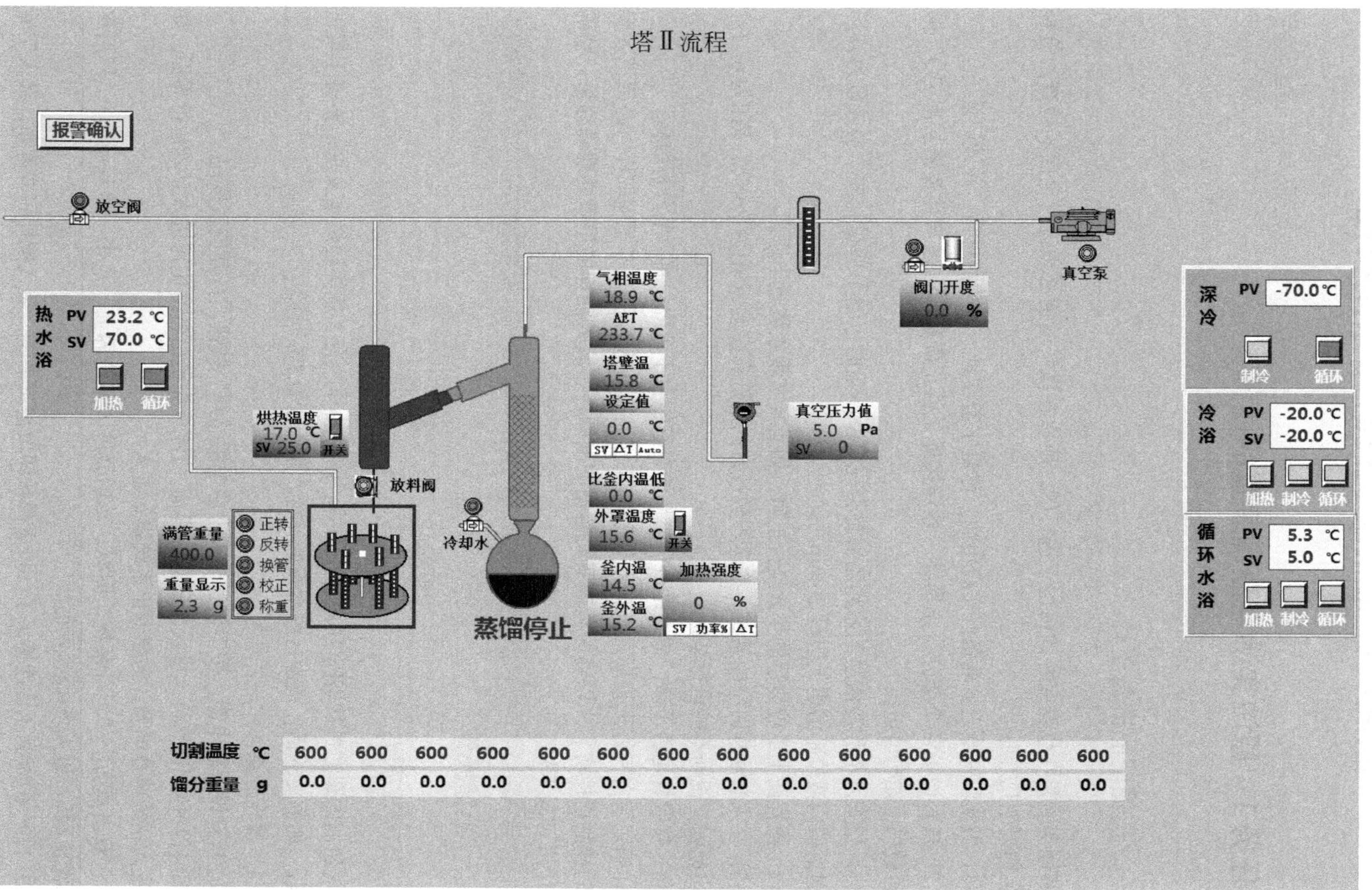
塔Ⅱ流程
报警确认
放空阀
真空泵
阀门开度
0.0 %
热水浴 PV 23.2 ℃ SV 70.0 ℃
加热 循环
烘热温度 17.0 ℃ SV 25.0 开关
放料阀
满管重量 400.0
重量显示 2.3 g
正转
反转
换管
校正
称重
冷却水
蒸馏停止
气相温度 18.9 ℃
AET 233.7 ℃
塔壁温 15.8 ℃
设定值 0.0 ℃
比釜内温低 0.0 ℃
外罩温度 15.6 ℃ 开关
釜内温 14.5 ℃
釜外温 15.2 ℃
加热强度 0 %
真空压力值 5.0 Pa SV 0
深冷 PV -70.0℃
制冷 循环
冷浴 PV -20.0℃ SV -20.0℃
加热 制冷 循环
循环水浴 PV 5.3 ℃ SV 5.0 ℃
加热 制冷 循环
切割温度 ℃ 600 600 600 600 600 600 600 600 600 600 600 600 600 600
馏分重量 g 0.0 0.0 0.0 0.0 0.0 0.0 0.0 0.0 0.0 0.0 0.0 0.0 0.0 0.0

图 7.4　塔Ⅱ工艺流程图

项目二　原油实沸点蒸馏装置岗位操作规程

任务1　原油实沸点蒸馏装置的操作

一、蒸馏前的准备工作

蒸馏实验是在仪器完好的情况下进行的，所以在做实验前必须进行全面的检查，检查内容包括以下几方面：

(1) 做实验开始之前准备好实验用油。称量空釜质量，釜和油总重，并做记录。

(2) 检查设备各个部分有无损坏，各连接处是否正确适当，玻璃件及密封用“O”形圈是否破损，如有请更换。

(3) 检查水浴和冷浴里的水和乙醇是否充足，不足时应给予适量补加。加入量为开启循环时浴槽内液位距浴槽上边沿20mm左右处。

(4) 流程图上工位显示的参数是否正常，如有异常现象请查出原因。

(5) 在未装油样时空抽系统，如达不到规定的最低真空度（塔I为266Pa，塔II为65 Pa）请查出原因，否则不能进行蒸馏。

(6) 接收管是否干净，放置是否得当，如有脏物存于管内，将影响分析数据。

在确定装置完好无损后才能向蒸馏釜内加样品，从大容积的容器内取样时必须把大容器内的样品搅拌均匀，以确保蒸馏实验数据的准确性。装入油样的重量要准确称量，精确到0.1g并记录下来。

二、蒸馏操作

1. 塔I常压蒸馏

对原油的蒸馏是从塔I常压蒸馏开始的。如果油样内有丁烷等轻烃类及水，要将丁烷进行回收（如需要的话）及进行脱水蒸馏（含水量大于0.2%时）。

(1) 操作步骤

① 打开设备总电源，按下设备面板上总电源“开”按钮，打开仪表按钮。

② 打开控制计算机，进入系统运行界面。(注：先给设备通电再进入系统运行界面，如果先进入系统再开电源，需要退出系统重新进入)

③ 双击桌面上“运行系统”图标。然后会进入系统界面。点击“流程画面”，然后单击“塔I流程”，进入塔I流程画面。

④ 打开塔I釜测压管连接夹子，按下降按钮取出蒸馏釜，装入搅拌子并称重，装入实验用油并称重。做好实验记录。

⑤ 把冷凝盘管插入釜内，并插入釜内温传感器。保证釜内温传感器插入到底部，可以用手轻推，推不动为止。

⑥ 如果操作过程中报警灯发生报警，应将釜内温或外温传感器插头连接处分开，检查两根传感器并插好，如连接正常报警灯会停止报警。(注：也可以通过观察系统界面上釜内外温是否正常来判断传感器是否连接完好)

⑦ 装上测压管，按釜上升按钮，并观察测压管和冷凝器接口处连接以及釜和塔接口处，当两接口接近时可以点动按钮上升，避免上升速度快挤碎玻璃器件。装好蒸馏釜，用夹子连接好测压管。盖上釜保温套。

⑧ 在馏分接收处装好干净的馏分接收管。

⑨ 称量轻烃罐质量并记录，然后把轻烃罐装入深冷冷浴，把连接软管接在轻烃罐的一端，并打开轻烃罐上的两个截止阀。

⑩ 打开深冷制冷。(注：常压蒸馏时不需要打开循环)

⑪ 打开冷浴的制冷、循环按钮，并设定所需温度（冷浴一般 -10℃以下）。(注：实验开始之前可以提前打开深冷制冷和冷浴，按钮红色时为关，绿色时为开。常压蒸馏时冷浴不需要打开)

⑫ 打开自来水，由于实验室水压过大，阀门不能开得太大，观察回流水有缓慢流出即可。

⑬ 点击“参数设置”设置塔I切割温度，塔I蒸馏结束温度，釜温度限值。(注：切割一个新的油样时，设置完切割温度后需点击“重新切割”按钮，在实验过程中如需改动，改动后只需点击“确定”按钮即可，在所有点切割完之前不可以再次点击“重新切割”按钮，直到下一次做新的样品时才可再次点击。设置完切割温度后，剩下的段内的温度需设置成600℃。设置蒸馏结束温度时，此温度值应该为本次实验最高切割段的温度值，修改最高切割温度时也应该同时修改蒸馏结束温度，釜内温限值的设定根据实验而定)

⑭ 点击“蒸馏实验”下的“塔I蒸馏”的“蒸馏开始”，此时界面左上角应显示闪动的蓝色“蒸馏开始”字样，如果操作未成功会显示红色“蒸馏停止”字样。

⑮ 打开空气气源，并且把设备后面的减压阀减压到 0.5MPa 左右。压力不能低于 0.4MPa。

⑯ 鼠标点击放空阀按钮，使放空阀处于打开的状态。

⑰ 打开“中间罐流入阀”和“丁烷收集阀”，其余阀门保持关闭状态。(注：“真空常开阀”始终为开的状态，此阀在进入系统时默认为开，实验过程中不需要开关此阀)

⑱ 打开操作面板上的“釜一加热”“塔I加热”按钮。(注：常压蒸馏时“塔I烘热”按钮可以不开)

⑲ 开始加热，釜加热有三种加热方式：

a. SV：为设定值加热，即设定多少摄氏度釜外温度就保持在多少摄氏度，实验过程中根据釜内温可以逐渐提升设定值温度，并观察流出情况来设定釜外温。

b. ΔT：为设定釜内外温差的加热方式，设定一个差值后以釜外温度会始终比釜内温度

高这个差值的控温方式来加热，根据出馏情况而定。（注：差值一般设定在 50 ～ 60℃为最佳）

c. 功率（%）：为设定加热速度加热方式。开始加热时可以给 15% 左右，根据出馏的速度来适当调整加热速度。（注：最高不超过 40%）

⑳ 塔加热，塔有两种加热方式：

a. SV：为设定值加热，即设定多少摄氏度塔外温度就保持在多少摄氏度，实验过程中根据气相温度来设定塔外温。保持与气相温度的差值在 10℃之内。

b. Auto：为自动跟踪方式加热。即塔外的温度会随着气相温度的变化而变化。保持与气相温度尽量一致。（注：做实验时建议使用此加热方式）

㉑ 点击转盘按钮将接收管调到正确位置。

㉒ 当有流出时，全回流 10min 左右，设置回流比，正常实验过程中回流比为 5∶1。

㉓ 在实验过程中根据流出情况可以适当调整各个参数。

㉔ 当 AET（标准大气压下的沸点温度）最终到达蒸馏结束温度时，“冷却水阀”会自动打开，回流比阀关闭，釜加热方式自动为 SV，且设定值为 0，塔加热方式自动为 SV，且设定值为 0。

㉕ 此时应取下保温套，加快釜内冷却速度，当釜内温度降到 150℃左右时可以停止实验，关闭各个阀门，关闭深冷水浴和冷浴开关。点击“蒸馏实验”下的“塔I蒸馏”的“蒸馏停止”。

㉖ 如果需要倒出接收管的馏分。可以点击“正转”按钮或“反转”按钮转到适当位置取出接收管。把白球装回上部不锈钢管内。（注：转动接收转盘时称重阀必须为关闭状态）

㉗ 取出轻烃罐称重并记录结果。

㉘ 退出运行系统，关闭计算机，关闭设备电源。

㉙ 塔I常压蒸馏结束。

（2）注意事项

① 不时地观察差压显示值的变化，在初馏之前差压值要小于 100Pa；常压蒸馏过程中差压值要始终低于 400 Pa。差压值的大小可以通过釜加热强度的调节来改变。

② 控制冷浴二的温度值，在气相温度低于 65℃时，塔顶主冷凝器的温度控制在 -5℃～ 0℃之间，当气相温度高于 65℃时，关闭控制塔顶主冷凝器的冷浴所有开关，只保留自来水冷凝。

③ 当有适量的液体从主冷凝器流回时，塔顶气相温度要在 15min 之内恒定，当气相温度恒定后，调节回流比值使回流比处于 5:1，整个系统就自动按设定的切割温度进行常压蒸馏操作。

④ 通过调整釜加热强度来控制馏出速率，保持馏出速率在 700 ～ 1000mL/h 之间。

⑤ 如果被测样品内没有水分，该系统将在釜温达到温度限值（一般为 310℃）或操作人员干预下停止蒸馏。如果样品内有水分，将在气相温度达到 150℃时，手动操作停止蒸馏。使回流为全回流，去掉釜保温罩，打开釜降温水阀。

⑥ 如果有水分存在，请将蒸出的油水混合物进行油水分离，然后将油加入冷却后的釜

内，重新进行常压蒸馏。

⑦ 常压蒸馏结束后，先将回流调节到全回流状态，然后将釜加热强度调为 0，将塔柱改为手动状态，并使强度为 0，停止加热。将丁烷收集器的两个手动阀置于关闭位置，取下容器称重并记录丁烷的质量。

2. 塔I减压蒸馏

当釜温及塔温降到 100℃以下时，可进行塔I的减压蒸馏。

（1）操作步骤

① 打开设备总电源，按下设备面板上总电源“开”按钮，打开仪表按钮。

② 打开控制计算机，进入系统运行界面。（注：先给设备通电再进入系统运行界面，如果先进入系统再给电源，需要退出系统重新进入）

③ 双击桌面上“运行系统”图标，然后会进入系统界面，点击“流程画面”然后单击“塔I流程”，进入塔I流程画面。

④ 在馏分接收处装好干净的馏分接收管。盖上釜保温套。

⑤ 打开深冷水浴“制冷”“循环”按钮。

⑥ 打开冷浴“制冷”“加热”“循环”按钮，并设定所需温度（一般 -5 ～ 0℃左右）。（注：实验开始之前可以提前打开深冷冷浴和冷浴，按钮红色时为关，绿色时为开）

⑦ 打开水浴“加热”“循环”按钮，根据实验情况设定温度。

⑧ 打开自来水，由于实验室水压过大，阀门不能开得太大，观察回流水有缓慢流出即可。

⑨ 点击“参数设置”设置塔I切割温度，塔I蒸馏结束温度，釜温度限值。

（注：设置切割温度时要接着上次的切割点按顺序往下依次设置，不可以在切割过的温度点上设置。设置完切割温度后，剩下的段内的温度需设置成 600℃。点击“确定”按钮即可。不可以点击“重新切割”按钮，直到下次做新的样品时为止。设置蒸馏结束温度时，此温度值应该为本次实验最高切割段的温度值，修改最高切割温度时也应该同时修改蒸馏结束温度，釜内温限值的设定根据实验而定）

⑩ 打开空气气源，并且把设备后面的减压阀减压到 0.5MPa 左右。压力不能低于 0.4MPa。

⑪ 点击“蒸馏实验”下的“塔I蒸馏”的“蒸馏开始”，此时界面左上角应显示闪动的蓝色“蒸馏开始”字样，如果操作未成功会显示红色“蒸馏停止”字样。

⑫ 打开“真空气路阀”“中间罐流入阀”和“真空常开阀”。其余的保持关闭状态。

⑬ 设置真空值。

SV 真空设定，SV 处设置实验所需的真空压力值，单位为 Pa，同时打开真空截止阀。

⑭ 设定好真空值和打开真空截止阀后打开真空泵开关，开始抽真空。

⑮ 打开面板上“釜一加热”“塔I加热”“烘一加热”按钮，开始加热。

⑯ 开始加热，釜加热有三种加热方式：

a. SV：为设定值加热，即设定多少摄氏度釜外温度就保持在多少摄氏度，实验过程中根据釜内温可以逐渐提升设定值温度，并观察流出情况来设定釜外温。

b. ΔT：为设定釜内外温差的加热方式，设定一个差值后以釜外温度会始终比釜内温度高这个差值的控温方式来加热，根据出馏情况而定。（注：差值一般设定在 50℃～ 60℃为最佳）

c. 功率 (%)：为设定加热速度加热方式。开始加热时可以给 15% 左右，根据出馏的速度来适当调整加热速度。（注：最高不超过 40%）

⑰ 塔加热，塔有两种加热方式：

a. SV：为设定值加热，即设定多少摄氏度塔外温度就保持在多少摄氏度，实验过程中根据气相温度来设定塔外温。保持与气相温度的差值在 30℃之内。

b. Auto: 为自动跟踪方式加热。即塔外的温度会随着气相温度的变化而变化。保持与气相温度尽量一致。（注：做实验时建议使用此加热方式）

⑱ 塔I烘热：加热时打开“开关”按钮，在 SV 处设置所需加热温度。（注：一般设置 80℃左右，不超过 110℃）

⑲ 点击转盘按钮将接收管调到正确位置。

⑳ 当有流出时，回流十分钟左右，设置回流比，正常实验过程中回流比为 5 ∶ 1。

㉑ 在实验过程中根据流出情况可以适当调整各个参数。

㉒ 当 AET 最终到达蒸馏结束温度时，“冷却水阀”和“吹氮气阀”会自动打开，回流比阀关闭，釜加热方式自动为 SV，且设定值为 0，塔加热方式自动为 SV，且设定值为 0。

㉓ 此时应取下保温套，加快釜内冷却速度，当釜内温度降到 150℃左右时可以停止实验，点击“蒸馏实验”下的“塔I蒸馏”的“蒸馏停止”。

㉔ 在蒸馏停止后，关闭“真空泵”。

㉕ 放空系统，在关闭真空泵后，打开“氮气放空阀”过一段时间后内部系统压力达到常压。

㉖ 在内部系统压力达到常压后可以关闭深冷水浴、冷浴和水浴。关闭各个阀门（“真空常开阀”除外，“真空常开阀”始终为开的状态，此阀在进入系统时默认为开，实验过程中不需要开关此阀）。

㉗ 在蒸馏停止后如果需要倒出接收管的馏分。可以点击“正转”按钮或“反转”按钮转到适当位置取出接收管。把白球装回上部不锈钢管内。（注：转动接收转盘时“称重阀”必须为关闭状态）

㉘ 当釜内温度降至 100℃左右时，可以取出蒸馏釜，注意避免温度过高烫伤。先把釜内冷凝盘管取出，取下蒸馏釜，称重，并取出塔II蒸馏釜装入搅拌子称重，把塔I蒸馏釜内的余油倒入塔II蒸馏釜内，然后分别称重并做记录。

㉙ 退出运行系统，关闭计算机，关闭设备电源，塔I减压蒸馏结束。

（2）注意事项

① 放空阀处于关闭的状态。

② 减压蒸馏时差压值不能高于 1500Pa（2mmHg 时），750 Pa（50mmHg 时）。

③ 减压蒸馏时馏出速率应在 250 ～ 350mL/h 之间（50mmHg 时），100 ～ 150mL/h

之间（2mmHg 时）。

④ 减压蒸馏时不可随意改变系统压力，系统内因馏分变化造成的压力变化不影响蒸馏结果。

⑤ 降低系统压力前必须将釜及塔柱的温度降到足够低。

⑥ 塔Ⅰ减压蒸馏结束后停止加热，打开釜冷却阀。当温度降到安全温度（200℃）以下后，提高设定值以便提高系统压力；停止真空泵，即点击泵按钮使其变为红色。当系统达到常压后，旋动千斤顶降下接收器，称取馏分质量并记录。

3. 塔 II 减压蒸馏

塔 II 是用来对大于 350℃的馏分进行切割的。因馏分较重，所以要在较低的压力下进行蒸馏，并且馏出管路要进行保温。

（1）操作步骤

① 打开设备总电源，按下设备面板上总电源“开”按钮，打开仪表按钮。

② 打开控制计算机，进入系统运行界面。（注：先给设备通电再进入系统运行界面，如果先进入系统再给电源，需要退出系统重新进入）

③ 双击桌面上“系统运行系统”图标。然后会进入系统界面，点击“流程画面”然后单击“塔II流程”，进入塔II流程画面。

④ 打开深冷水浴“制冷”“循环”按钮。

⑤ 打开热水浴“加热”“循环”开关，设置温度值。（注：一般为 70℃左右，视油的黏稠度而定）

⑥ 把釜放进加热炉，把冷凝盘管插入釜内，并插入釜内温传感器。保证釜内温传感器插入到底部，可以用手轻推，到推不动为止。盖上釜保温套。

⑦ 如果操作过程中报警灯发生报警，应将釜内温或外温传感器插头连接处分开，检查两根传感器并插好，如连接正常报警灯会停止报警。（注：也可以通过观察系统界面上釜内外温是否正常来判断传感器是否连接完好）

⑧ 在馏分接收处装好干净的馏分接收管，按接收转盘上升按钮，升起转盘，直至升不动为止。（注：检查上部密封胶圈上是否有脏物，以免影响密封效果）

⑨ 点击“参数设置”设置塔II切割温度，塔II蒸馏结束温度，釜温度限值。

（注：切割一个新的油样时，设置完切割温度后需点击“重新切割”按钮，在实验过程中如需改动，改动后只需点击“确定”按钮即可，在所有点切割完之前不可以再次点击“重新切割”按钮，直到下一次做新的样品时才可再次点击。设置完切割温度后，剩下的段内的温度需设置成 600℃。设置蒸馏结束温度时，此温度值应该为本次实验最高切割段的温度值，修改最高切割温度时也应该同时修改蒸馏结束温度，釜内温限值的设定根据实验而定）

⑩ 打开空气气源，并且把设备后面的减压阀减压到 0.5MPa 左右。压力不能低于 0.4MPa。

⑪ 点击“蒸馏实验”下的“塔II蒸馏”的“蒸馏开始”，此时界面左上角应显示闪动的

蓝色“蒸馏开始”字样，如果操作未成功会显示红色“蒸馏停止”字样。

⑫ 关闭“氮气放空阀”。“放料阀”为系统默认开的状态，如果关闭了要手动打开，其余的保持关闭状态。

⑬ 设置真空值，在 SV 处设置实验所需的真空压力值，单位为 Pa，同时打开真空截止阀。

⑭ 设定好真空值后打开真空泵开关，开始抽真空。

⑮ 打开面板上“釜二加热”“塔Ⅱ加热”“烘二加热”按钮，开始加热。

⑯ 开始加热，釜加热有三种加热方式:

a. SV：为设定值加热，即设定多少摄氏度釜外温度就保持在多少摄氏度，实验过程中根据釜内温可以逐渐提升设定值温度，并观察流出情况来设定釜外温。

b. ΔT：为设定釜内外温差加热方式，设定一个差值后以釜外温度会始终比釜内温度高这个差值的控温方式来加热，根据出馏情况而定。(注：差值一般设定在 50℃～60℃为最佳)

c. 功率 (%)：为设定加热速度加热方式。开始加热时可以给 15% 左右，根据出馏的速度来适当调整加热速度。(注：最高不超过 40%)

⑰ 塔加热，塔有两种加热方式:

a. SV：为设定值加热，即设定多少摄氏度塔外温度就保持在多少摄氏度，实验过程中根据气相温度来设定塔外温。保持与气相温度的差值在 30℃之内。

b. Auto: 为自动跟踪方式加热。即塔外的温度会随着气相温度的变化而变化。保持与气相温度尽量一致。(注：做实验时建议使用此加热方式)

⑱ 塔Ⅱ烘热，加热时打开“开关”按钮，在 SV 处设置所需加热温度。(注：一般设置 100℃左右，不超过 130℃)

⑲ 在实验过程中根据流出情况可以适当调整各个参数。

⑳ 当 AET 温度最终到达蒸馏结束温度时，“冷却水阀”和“吹氮气阀”会自动打开，回流变成全回流，釜加热方式自动为 SV，且设定值为 0，塔加热方式自动为 SV，且设定值为 0。

㉑ 打开自来水，由于实验室水压过大，阀门不能开得太大，观察回流水有缓慢流出即可。

㉒ 此时应取下保温套，加快釜内冷却速度，当釜内温度降到 150℃左右时可以停止实验，点击“蒸馏实验”下的“塔Ⅱ蒸馏”的“蒸馏停止”。

㉓ 在蒸馏停止后，关闭“真空泵”

㉔ 放空系统，在关闭真空泵后，打开“氮气放空阀”过一段时间后内部系统压力达到常压。

㉕ 在内部系统压力达到常压后可以关闭深冷水浴和热水浴。关闭各个阀门，关闭水阀。

㉖ 在蒸馏停止后如果需要倒出接收管的馏分。可以按接收转盘下降按钮，下降到最低位置，以不再下降为准，点击“正转”按钮或“反转”按钮转到适当位置取出接收管。(注：转动接收转盘时“称重阀”必须为关闭状态，按下降按钮时内部压力必须已经放空达到常压状态)

㉗ 当釜内温度降至 100℃左右时，可以取出蒸馏釜，注意避免温度过高烫伤。先把釜内冷凝盘管取出，取下蒸馏釜，称重，然后倒出内部剩余残油，再次称重并做记录。

㉘ 退出运行系统，关闭计算机，关闭设备电源。

㉙ 塔Ⅱ减压蒸馏结束。

（2）注意事项

① 如果不需要控制系统压力任其达到最低值，可将调节阀关闭；如需要控制系统压力应用调节阀来调节。

② 如果在塔Ⅱ上要切窄馏分，开始就要把系统压力定得高一些，比如 0.266kPa，这样就可以减轻两个塔之间的断空现象。

③ 当气相温度从开始的室温有所升高或塔Ⅱ下部有深色液体回流时，使中间罐控制阀阀三处于开启状态，随着馏分的馏出，计算机按设定的切割点自动控制切割，直到釜温达到温度限值（一般为 330℃）或操作人员干预为止才停止加热。

④ 蒸馏过程中要根据馏出速度提高加热强度，馏分以滴状进入接收管为最佳。塔Ⅱ最高切割温度为 530 ～ 550℃。

⑤ 蒸馏结束后，打开釜冷却水阀给釜降温。当釜温达到 180℃以下时可停真空泵使系统回到常压。

⑥ 在做完塔Ⅰ减压和塔Ⅱ减压蒸馏实验后，要检查设备后面轻油收集器里是否有油存在，如果有请取下收集器倒出里面的轻油。（注：冷凝器下部接的小玻璃瓶即为收集器）

任务 2　实沸点蒸馏装置的后处理

一、塔Ⅰ、塔Ⅱ清洗

塔的清洗对保持塔效、提高仪器使用寿命是极为重要的。所以每次蒸馏后必须认真清洗。

1. 塔Ⅰ清洗

（1）在釜内装入 3 ～ 5L 的溶剂（如石油醚、乙醇、煤油等）。

（2）启动冷凝器制冷及循环系统。

（3）加热进行塔Ⅰ常压蒸馏，放空阀必须处于打开状态

注意事项：

（1）当有流出时，全回流一段时间，当上部塔头冲洗得基本干净时，设置回流比，根据实际情况可以随意设定。

（2）当流出一部分馏分时，打开“中间罐流出阀”，再持续流出一段时间。

（3）当返回到洗瓶内的液体色清透明时，启动回流阀，等管线外观干净后，就可停止蒸馏。

（4）如果要求严格，请将流回釜内的轻组分蒸干，称量釜内残液的质量，得到塔Ⅰ滞留量，可将该滞留量加到塔Ⅱ的第一个馏分上，也可在进行塔Ⅱ蒸馏前加入釜内。

2. 塔Ⅱ清洗

如果不用测量塔Ⅰ滞留量的话，可将釜移至塔Ⅱ进行常压蒸馏。在塔Ⅱ进行常压蒸馏时，接收器可不必达到密封位置以利于轻油蒸气对流出管路的清洗，直到外观干净为止结束清洗。

将釜内的洗液与接收器收到的蒸馏液合在一起，蒸干其中的轻组分，称取釜内残液质量，该残液质量加入塔Ⅱ的最后一个馏分，也可把它当作蒸馏釜内渣油来处理。

二、渣油处理

塔Ⅱ蒸馏结束后，蒸馏釜内的渣油要称取质量以备总收率的计算。

减压渣油的黏度很大，要在150℃左右才能倒出。

倒渣油的方法：用倒油夹紧釜，从小孔将渣油倒出以防磁搅拌转子随渣油一起倒出。倒油时要注意风向以免伤及操作人员，然后再用洗液将釜洗净以备下次蒸馏。

三、特殊操作

1. 轻组分少、含水量高的原油脱水

轻组分少、含水量高的原油在进行脱水时比较困难，因为水的汽化潜热较大，表面张力也大，容易在填料塔内形成水柱层，达不到流出口。为破坏这个水柱层可在N_2入口向釜内通入适量的N_2（N_2流量为8mL/s）来冲破水层，降低水的分压，使水变成蒸汽上升；也可手动加热塔柱，从塔的外部给水层加热，使液态水变成水蒸气升到塔的顶部，经馏出口将水排出。

2. 当某一馏分过多，一个接收管容纳不下时的手动换管

发现这种情况时，可以在将要达到的切割点前插入一个适当的设定值，使其在液体溢出前就自动换管；也可先将中间罐排放控制阀关闭，再用换管按钮进行手动换管。

四、装置维护

要使仪器能正常运转，平时的维护是至关重要的。维护时主要注意以下几个方面：

（1）每次蒸馏结束后，必须对塔进行彻底的蒸馏清洗，以保持塔效。

（2）要保持真空泵油位达到规定位置（油标中线）。

（3）检查冷阱内是否有轻油或泵油，如有请倒掉并洗净。

(4) 该仪器共有 5 个玻璃磨口，平时要检查各磨口是否易于转动，如果转动不灵活，请取下后涂真空硅脂，以保证其真空密封性能。

(5) 转动接收器底盘上不能有轻油积存，以保证“O”形圈的密封性，如果发现轻油，请取下有机玻璃罩，把底盘及“O”形圈擦干净，再重新装好。

(6) 每次重新从第一个切割温度点开始切割时，要将切割计数清零，才能进行自动切割。

(7) 每次重新做下一个油样时，要将切割次数清零，方法是在系统菜单下进行数据初始化。

(8) 进入控制系统的顺序为：先开启控制柜的电源和仪表开关，再进入微机控制系统，顺序不能倒置。

(9) 塔I放料阀线圈不宜长时间通电，它通常的状态应该是关闭的，否则会导致线圈过热而造成磁力消失。

五、安全注意事项

(1) 手动加热套升高与塔对接时，必须控制好挤压力度，力小了密封不好，力大了可能损伤分馏头。

(2) 启动仪器之前，必须通冷却水以保护冷浴压缩机及搅拌电机。

(3) 常压操作时塔 I 的放空阀必须处于开的状态，塔 II 要有排放口（比如取下麦氏计接头等）。

(4) 减压操作完成后，必须先放空后再停止真空泵，放空要等到塔温及釜温降到适当的温度后才能进行。

(5) 恒温水浴槽内的水面距上盖板距离不得超过 30 ㎜。

(6) 仪器上方不得有任何物件悬吊，不得用硬物品碰撞玻璃件。

(7) 该仪器所有“O”形胶圈均为特殊材料制成，耐油耐温，不得用其他种类代替。

(8) 安全地线要求在 4Ω 以下。

(9) 计算机电源插座不能插错，也不能插其他用电设备。

(10) 不要带电拔插可编程序控制器模块和计算机打印电缆及通信电缆。

(11) 操作室温度保持在 10 ～ 30℃，湿度保持在 40% ～ 70%。

(12) 电源电压保持在 200 ～ 240V、50/60Hz。

任务 3　学习原油实沸点蒸馏装置岗位的操作方法

一、塔 I 控制流程按钮功能及操作方法说明

该蒸馏装置的控制程序是在 Windows 平台上编制的，全部操作由鼠标来完成。各按钮

功能及操作方法如下：

（1）差压显示：Pa；该值为蒸馏釜与冷凝器上部之间的压力差。

（2）塔Ⅰ气相温度指示：℃；测量元件为Pt100铂电阻，显示精度为0.1℃。当温度达到限值（一般为210℃）时自动停止加热。

（3）标压温度：℃；减压蒸馏时气相温度值换算到常压（101kPa）下的温度值。

（4）回流比：回流比控制，其值在1～23时，该值即为回流比，其值为24时即为全回流，其值为0时即为全流出。

（5）塔上段内壁温度：℃。

（6）塔上段保温层温度：℃；可自动控制和手动控制任选。该按钮可按工艺要求选择自动、手动两种方式控制塔上段保温层温度。自动控制时外温比内温值低0～5℃为正常，手动控制时可按需要加热或停止加热，加热量由输出值来确定。

（7）塔下段内壁温度：℃。

（8）塔下段保温层温度：℃；其功能及操作方法与塔上段相同。

（9）釜温：℃；蒸馏釜内液相温度显示及控制。当釜内温度达到温度限值（一般为310～330℃）时自动停止加热。

（10）阀一：馏分中间罐排放控制阀。阀一为绿色时中间罐与接收器通，阀一为红色时中间罐与接收器断开。

（11）阀二：放空电磁阀。阀二为红色时为断开，为绿色时系统与大气相通。

（12）真空：真空度显示控制，显示单位为Pa或mmHg，控制由调节阀来实现。

（13）手扳阀：减压蒸馏时蒸馏系统与真空源间的控制阀，也是压力调节系统的控制开关，手扳阀为手动控制。

（14）正转：转盘电动机控制开关，可用来控制转盘正向转动，按住正转按钮时转盘正向（自动转时的转动方向）转动；松开正转按钮时转动停止。

（15）反转：同正转，方向与正转相反。

（16）泵：塔Ⅰ真空泵控制按钮，处于红色时真空泵停止，处于绿色时真空泵启动。

（17）换管：转盘电动机控制开关，点击一次后转盘恰好转过一个接收管，然后自动停止。主要用于手动换管。

（18）流程图（图8.3）的下方的阿拉伯数字代表每个馏分的切割点，以及每个馏分段所收集的液体质量和体积。

（19）当蒸馏温度达到某一切割点时，可自动换管，此过程不能逆转。切割点的值按切割方案由操作人员设定，减压蒸馏时按换算到常压下的温度设定。

（20）退出：点击该按钮退出塔Ⅰ流程。

二、塔Ⅱ控制流程按钮功能及操作方法说明

（1）塔Ⅱ气相温度指示：℃；测量元件Pt100铂电阻，显示精度为0.1℃。

（2）标压温度：℃；减压蒸馏时气相温度值换算到常压（101KPa）下的温度值。

（3）阀三：塔Ⅱ中间罐排放控制阀。阀三为绿色时，中间罐与接收器连通，阀三为红色时，中间罐与接收器断开。

（4）釜温：℃；蒸馏釜内液相温度显示及控制。当釜内温度达到温度限值（一般为330℃）时自动停止加热。

（5）泵：塔Ⅱ真空泵控制按钮，处于红色时真空泵停止，处于绿色时真空泵启动。

（6）真空：真空度显示控制，显示单位为Pa；控制由调节阀来实现。

（7）手扳阀：减压蒸馏时蒸馏系统与真空源间的控制阀，也是压力调节系统的控制开关，手扳阀为手动控制。

（8）正转：转盘电动机控制开关，可用来控制转盘正向转动，按下正转按钮时转盘正向（自动转时的转动方向）转动；松开正转按钮时转动停止。

（9）反转：同正转，方向与正转相反。

（10）换管：转盘电动机控制开关，点击一次后转盘恰好转过一个接收管，然后自动停止。主要用于手动换管。

（11）流程图（图7.4）的下方的阿拉伯数字代表每个馏分的切割点，以及每个馏分段的所收集的液体质量和体积。

（12）当蒸馏温度达到某一切割点时，可自动换管，此过程不能逆转。切割点的值按切割方案由操作人员设定，减压蒸馏时按换算到常压下的温度设定。

（13）退出：点击该按钮退出塔Ⅱ流程。

任务4　实验记录查询的方法

实验记录查询方法如下：

（1）点击“实验数据”，见图7.5。

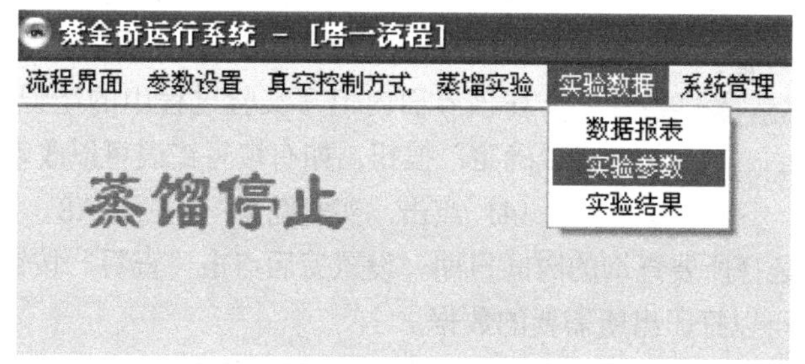

图7.5　实验数据

（2）点击“数据报表”，见图7.6。

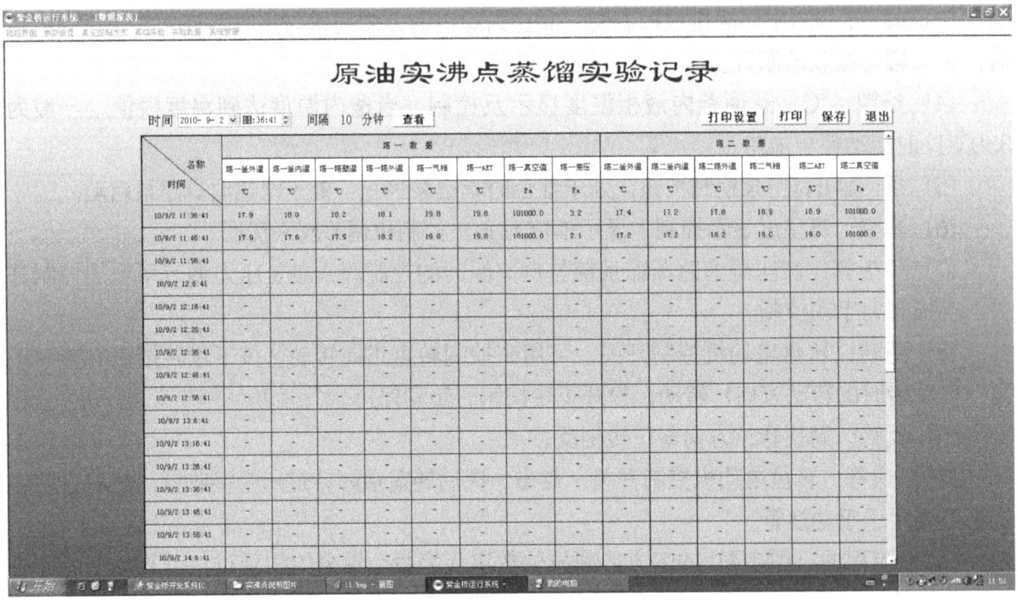

原油实沸点蒸馏实验记录

时间 2010-9-2 :36:41 间隔 10 分钟 查看 打印设置 打印 保存 退出

名称/时间	塔一数据								塔二数据					
	塔一釜外温	塔一釜内温	塔一塔壁温	塔一塔外温	塔一气相	塔一AET	塔一真空值	塔一差压	塔二釜外温	塔二釜内温	塔二塔外温	塔二气相	塔二AET	塔二真空值
	℃	℃	℃	℃	℃	℃	Pa	Pa	℃	℃	℃	℃	℃	Pa
10/9/2 11:36:41	17.9	18.0	18.2	18.1	19.8	19.8	101000.0	3.2	17.4	17.2	17.8	18.9	18.9	101000.0
10/9/2 11:46:41	17.9	17.6	17.5	18.2	19.8	19.8	101000.0	2.1	17.2	17.2	18.2	19.0	19.0	101000.0
10/9/2 11:56:41	-	-	-	-	-	-	-	-	-	-	-	-	-	-
10/9/2 12:6:41	-	-	-	-	-	-	-	-	-	-	-	-	-	-
10/9/2 12:16:41	-	-	-	-	-	-	-	-	-	-	-	-	-	-
10/9/2 12:26:41	-	-	-	-	-	-	-	-	-	-	-	-	-	-
10/9/2 12:36:41	-	-	-	-	-	-	-	-	-	-	-	-	-	-
10/9/2 12:46:41	-	-	-	-	-	-	-	-	-	-	-	-	-	-
10/9/2 12:56:41	-	-	-	-	-	-	-	-	-	-	-	-	-	-
10/9/2 13:6:41	-	-	-	-	-	-	-	-	-	-	-	-	-	-
10/9/2 13:16:41	-	-	-	-	-	-	-	-	-	-	-	-	-	-
10/9/2 13:26:41	-	-	-	-	-	-	-	-	-	-	-	-	-	-
10/9/2 13:36:41	-	-	-	-	-	-	-	-	-	-	-	-	-	-
10/9/2 13:46:41	-	-	-	-	-	-	-	-	-	-	-	-	-	-
10/9/2 13:56:41	-	-	-	-	-	-	-	-	-	-	-	-	-	-
10/9/2 14:6:41	-	-	-	-	-	-	-	-	-	-	-	-	-	-

图 7.6　数据报表

参数输入　(g)

塔一空釜质量：	6275.0
塔二空釜质量：	0.0
试样质量:	13095.0
轻烃罐质量:	1160.0
轻烃罐总质量:	0.0
轻烃质量:	-1160.0
釜余油质量:	0.0
塔1滞留量:	0.0
塔2滞留量:	0.0

清零　确定

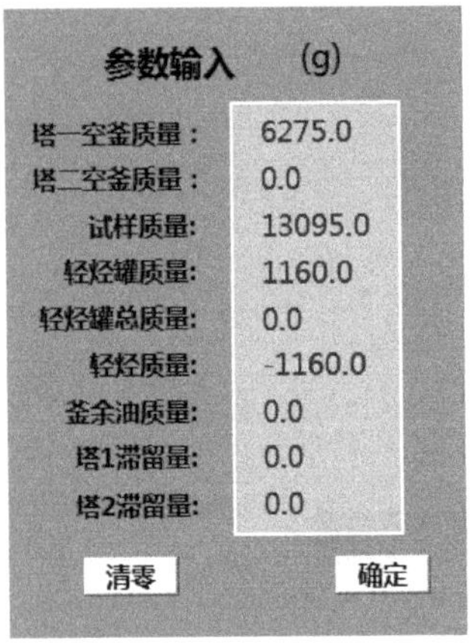

图 7.7　实验参数

点击时间框：选择所要查询的时间日期。设置完后点击“查看”按钮。

间隔时间：可以设定两个数值之间的时间间隔，最小为 1 分钟。设置完后点击“查看”按钮。

“打印设置”“打印”：可以打印出所需要的数据。

“保存”：可保存数据。可以保存为 TXT 文件和 EXCEL 文件。

退出：点击可以退出数据查询界面。

(3) 点击“实验参数”，见图 7.7。

在该界面内填写实验过程中的所记录的数据，然后单击“确定”按钮，如有填写错误可以改动数据。

(4) 点击“实验结果”，见图 7.8。

点击时间框：选择所要查询的时间日期。设置完后点击“查看”按钮。

“报表打印”：可以打印出所需要的数据。

“报表导出”：可以保存数据。可以保存为 TXT 文件和 EXCEL 文件。

退出：点击可以退出数据查询界面。

注：如果做完实验，填写完实验参数，进入实验结果查询时，所选择时间应该在填写完实验结果的时间以后。如果选择时间超前，则实验结果不完整。

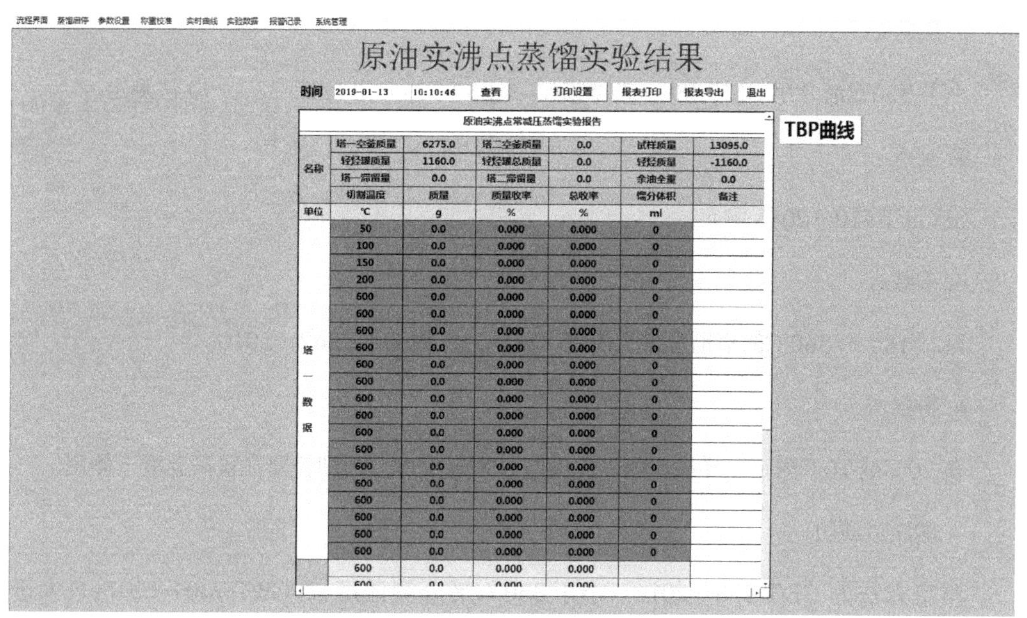

原油实沸点常减压蒸馏实验报告

名称	塔一空釜质量	6275.0	塔二空釜质量	0.0	试样质量	13095.0
	轻烃罐质量	1160.0	轻烃罐总质量	0.0	轻烃质量	-1160.0
	塔一滞留量	0.0	塔二滞留量	0.0	余油全重	0.0
	切割温度	质量	质量收率	总收率	馏分体积	备注
单位	℃	g	%	%	ml	
塔一数据	50	0.0	0.000	0.000	0	
	100	0.0	0.000	0.000	0	
	150	0.0	0.000	0.000	0	
	200	0.0	0.000	0.000	0	
	600	0.0	0.000	0.000	0	
	600	0.0	0.000	0.000	0	
	600	0.0	0.000	0.000	0	
	600	0.0	0.000	0.000	0	
	600	0.0	0.000	0.000	0	
	600	0.0	0.000	0.000	0	
	600	0.0	0.000	0.000	0	
	600	0.0	0.000	0.000	0	
	600	0.0	0.000	0.000	0	
	600	0.0	0.000	0.000	0	
	600	0.0	0.000	0.000	0	
	600	0.0	0.000	0.000	0	
	600	0.0	0.000	0.000	0	
	600	0.0	0.000	0.000	0	
	600	0.0	0.000	0.000	0	
	600	0.0	0.000	0.000	0	
	600	0.0	0.000	0.000		
	600	0.0	0.000	0.000		

图 7.8　实验结果

创新训练

原油的实沸点蒸馏曲线及性质曲线绘制

在对原油进行实沸点蒸馏后，要对蒸馏所得的各窄馏分进行性质测定，将测定的数据进行处理，运用计算机 Origin 等化工软件绘制原油的实沸点蒸馏曲线及性质曲线，以全面深入了解原油的性质，同时培养学生在化学化工中的计算机应用能力。

一、分析项目

1. 密度

ρ_{20}（20℃的密度）或 ρ_{70} 按 GB/T 1884—2000 或 GB/T 13377—2010）测定。样品在测定温度时必须呈无任何固体析出的液体状态。轻馏分也可用比重瓶法，重馏分也可用比重瓶法或固体比重测定法。

2. 运动黏度

按 GB/T 265—88 测定。<350℃馏分测 v_{20} 或 v_{50}，≥ 350℃馏分测 v_{50} 或 v_{100}。

3. 硫含量

小于 350℃馏分用 GB/T 380—77 测定，≥ 350℃馏分用 GB/T 387—90 法测定。

4. 凝点

按 GB/T 510—2018 测定。

5. 苯胺点

只对 180 ～ 360℃的窄馏分进行测定，测定方法为 GB/T 262—2010。

6. 折射率

在 20℃或 70℃测定。样品在测定温度时必须是液体，否则需要在较高温度下测定。

7. 酸度或酸值

测定方法为 GB/T 258—2016（小于 350℃馏分测酸度），GB/T 7304—2014（大于 350℃馏分测酸值）。

8. 特性因数（*K* 值）

对小于 350℃馏分，*K* 值可用下式计算：

$$K = \frac{1.216T^{1/3}}{d_{15.6}^{15.6}}$$

式中，$d_{15.6}^{15.6}$ 为相对密度；*T* 为立方平均沸点，对窄馏分而言 *T* 可用实沸点馏分的中沸点（^0K）。

对大于 350℃馏分，因立方平均沸点确定的准确性差，主要用 50℃或 100℃时运动黏度与比重指数 (API)，由关系曲线查得立方平均沸点 *T* 值。

9. 结构族组成

对于 200 ～ 350℃馏分，用 *n-d-v* 或 *n-d-M*（实测值）法由图表查得。对于高沸点馏分用 *n-d-M* 法，凝点 <20℃的馏分也可用 VGC- 交折点图表查得。

这里必须指出，*n-d-M* 法测定结构族组成是比较公认的和最普遍的。*n-d-v* 法与 *n-d-M* 法所得的结果，在大多数情况下是吻合的。由于分子量测定是比较麻烦的，因此后来提出 *n-d-v* 法和 VGC- 交折法。但 *n-d-v* 和 VGC- 交折点法只适用于 20℃分析的结果。

二、相关计算

1. 馏分质量分数

按下式计算每一馏分占原油的质量分数：

$$X_i = \frac{W_1 - W_2}{W} \times 100\%$$

式中　W_1——馏分质量加接收管的质量，g；

W_2——接收管的质量，g；

W——原油试样质量，g；

X_i——每一馏分占试样的质量分数，%。

2. 黏重常数（VGC）

它一定程度上反映润滑油的黏温性质和烃类分布，石蜡基润滑油的 VGC 小于 0.82，环烷基润滑油的 VGC 大于 0.85。VGC 按下式计算：

$$\mathrm{VGC} = \frac{d_{15.6}^{15.6} - 0.24 - 0.038\lg v_{100}}{0.755 - 0.011\lg v_{100}}$$

式中，v_{100} 为 100℃的运动黏度。

3. 相关指数（BMCI）或（CI）

相关指数与特性因数类似，在一定程度上反映了馏分的烃类特性，用下式计算：

$$\mathrm{BMCI} = \frac{48640}{T} + 473.7 d_{15.6}^{15.6} - 456.8$$

式中　T——窄馏分用算术平均沸点，宽馏分用体积平均沸点，K。

三种常用的特性参数的意义见表 7.3。

表 7.3　三种常用的特性参数的意义

特性参数	石油馏分特性参数值		
	石蜡基	中间基	环烷基
特性因数（K）	>12.1	11.5 ～ 12.1	<11.5
相关指数 （BMCI 或 CI）	0 ～ 10 （烷烃）	24 ～ 52 （环烷烃）	55 ～ 100 （单环芳烃）
黏重常数（VGC）	<0.82	0.82 ～ 0.85	>0.85

4. 总产率 - 沸点曲线

在 16cm×32cm 坐标纸上，以总馏出率为横坐标，该馏出物的沸点为纵坐标，作曲线如图 7.9，称为实沸点蒸馏曲线。

5. 性质曲线与总产率 - 沸点曲线

性质曲线与总产率 - 沸点曲线同画在一张图纸上。纵坐标为各种性质的数据，横坐标为该馏分的质量分数。例如第一个 3% 馏分的密度为 0.6869，但该值不代表馏出率为 3% 时的最后馏出液的密度，而是整个馏分的平均密度。假定性质具有可加性，而且随馏分均匀变化，则该密度是代表馏出率为 1.5%（1/2×3%）时的密度。因此在画密度曲线时，这一点的横坐标应该是 1.5%，如果第二个馏分的馏出率也是 3%，则画其他性质曲线时，第二点的横坐标应该是 4.5%(3% + 3%×1/2)。其余类推，画其他性质曲线时（如黏度、硫含量、凝点等）亦类同。因此性质曲线又称为中比曲线。1cP=1mPa · s

原油实沸点蒸馏曲线及性质曲线的例子见图 7.9。

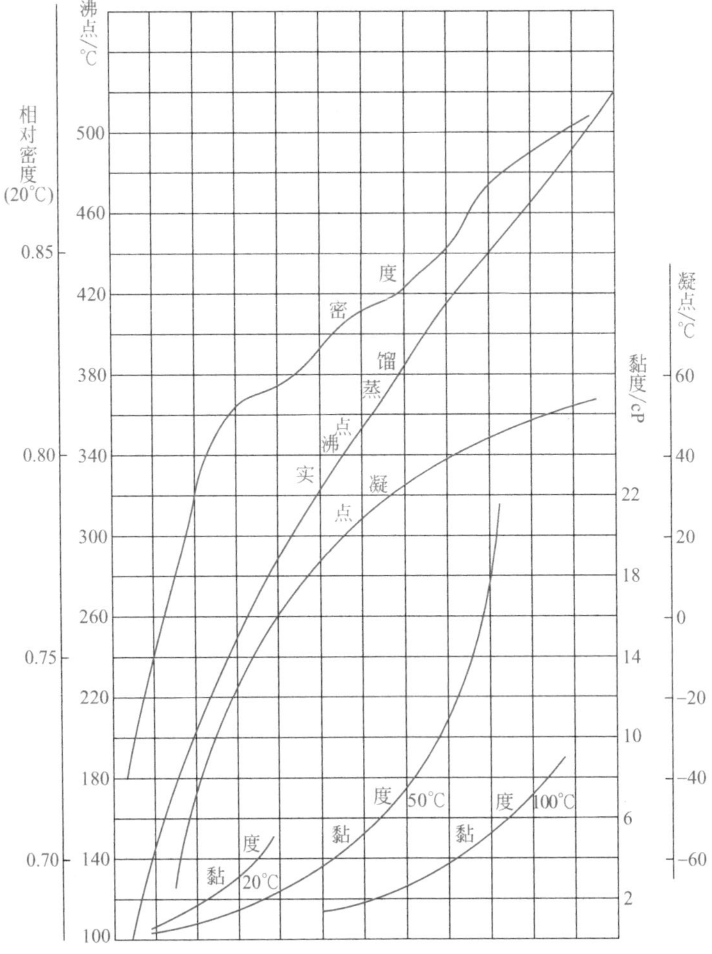

图 7.9　某原油的性质曲线与总产率－沸点曲线

思政元素

协作精神

协作精神是个人与个人、群体与群体之间为达到共同目的，彼此相互配合的一种精神。协作精神有时也用合作精神代替，但合作更多的是强调双方地位平等，协作是有主有次、共同开展一项活动。

团结协作是一切事业成功的基础，是立于不败之地的重要保证。团结协作不只是一种解决问题的方法而且是一种道德品质。它体现了人们的集体智慧是现代社会生活中不可缺少的一环。

现在的竞争，已经发展到了更多依赖团队的合作和协同。竞争中的优胜者往往不是个人而是团队，是一个团队的合作战胜了另一个团队。

拓展提升

双语环节

The true boiling point distillation is a kettle type unit of atmospheric and vacuum distillation. The theoretical plate number of distillation column is 15−17 layers, and the reflux ratio is 5 ： 1 or 4 ： 1. It is a batch distillation process. The distillation is carried out in three sections: the first section is atmospheric distillation, with each fraction from the initial distillation point to 200℃ ; the second section is vacuum distillation with residual pressure of about 1.33 kPa, with each fraction from 200℃ to 395℃ ; the third section is vacuum distillation with residual pressure of less than 0.66 kPa, and without distillation column. It is usually called Kjeldahl distillation, and each fraction from 395℃ to about 500℃ is cut; the residue above 500℃ is left. The residue at the bottom of the boiler is residual oil, and the kettle temperature is not more than 350℃ .

实沸点蒸馏装置是一套釜式的常减压蒸馏装置，精馏柱理论板数是 15 ~ 17 层，回流比为 5 ∶ 1 或 4 ∶ 1。为间歇式的蒸馏过程。蒸馏分三段进行：第一段为常压蒸馏，切取初馏点到 200℃的各个馏分；第二段为残压 1.33 kPa 左右的减压蒸馏，切取 200℃到 395℃的各个馏分；第三段为小于 0.66 kPa 的残压、不用精馏柱的减压蒸馏。通常称为克氏蒸馏，切取 395℃到约 500℃的各个馏分；最后留下的是 500℃以上的渣油。釜底残留物为渣油，釜温不超过 350℃。

考核评价

为了准确地评价本课程的教学质量和学生学习效果，对本课程的各个环节进行考核，以便对学生的评价公正、准确。考核评价模式如图 7.10。

综合考虑任务目标、教学目标和具体学习活动实施情况，整个评价过程分为课前、课中和课后 3 个阶段。课前考评个人学习笔记，考查个人原理知识预习情况；课中考评小组工作方案制定及汇报、个人工艺原理测试、个人技能水平和操作规范、数据分析及处理、化工软件应用、个人职业素质和团队协作精神；课后考评个人生产实训总结报告（实沸点蒸馏装置实验报告见工作手册资料）。并且，设计 10 分附加分，作为学生学习进步分，每天考核成绩有进步的同学都能不同程度获得进步分，进步分最高为 10 分，以形成激励效应。

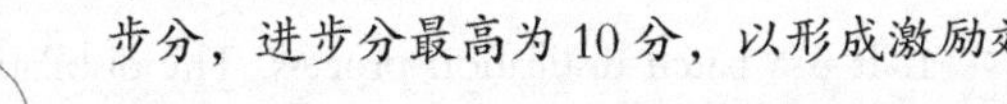

学习情境 7 工作手册资料包

生产实训结束后，由企业导师和实训教师根据实训考核标准，对每位同学进行考核，评出优、良、中、及格、不及格五个等级。

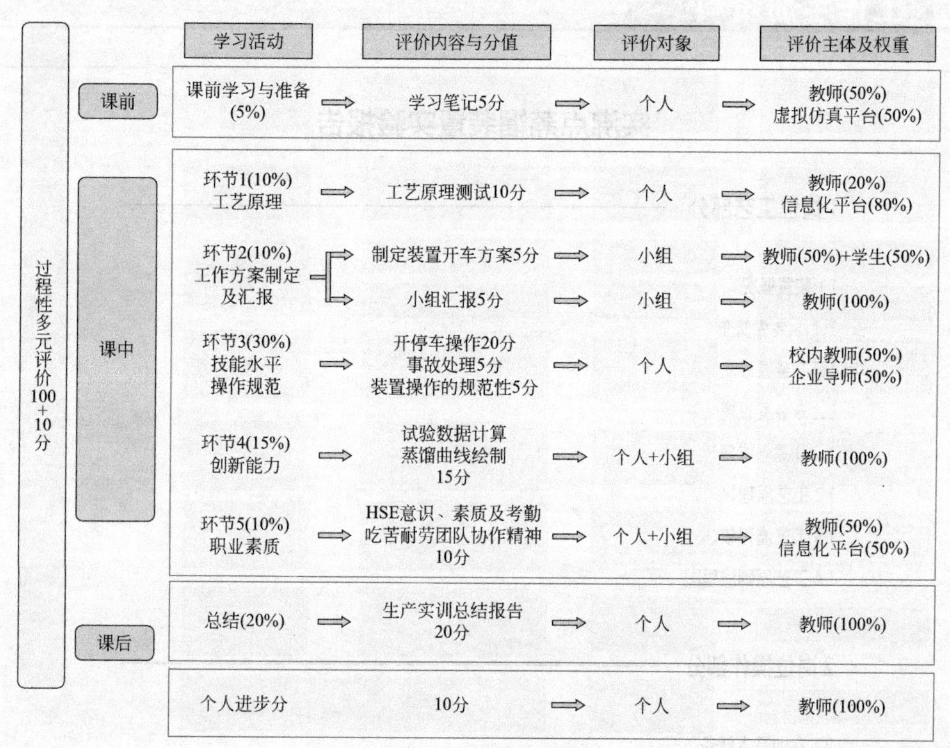

学习活动
评价内容与分值
评价对象
评价主体及权重
过程性多元评价100+10分
课前
课前学习与准备(5%)
学习笔记5分
个人
教师(50%)
虚拟仿真平台(50%)
课中
环节1(10%)
工艺原理
工艺原理测试10分
个人
教师(20%)
信息化平台(80%)
环节2(10%)
工作方案制定及汇报
制定装置开车方案5分
小组
教师(50%)+学生(50%)
小组汇报5分
小组
教师(100%)
环节3(30%)
技能水平
操作规范
开停车操作20分
事故处理5分
装置操作的规范性5分
个人
校内教师(50%)
企业导师(50%)
环节4(15%)
创新能力
试验数据计算
蒸馏曲线绘制
15分
个人+小组
教师(100%)
环节5(10%)
职业素质
HSE意识、素质及考勤
吃苦耐劳团队协作精神
10分
个人+小组
教师(50%)
信息化平台(50%)
课后
总结(20%)
生产实训总结报告
20分
个人
教师(100%)
个人进步分
10分
个人
教师(100%)

图7.10　考核评价模式

工作手册资料

实沸点蒸馏装置实验报告

1 岗位工艺部分

1.1 装置概况

1.1.1 装置简介

1.1.2 装置组成

1.1.3 装置说明

1.1.4 原料来源

1.2 工艺原理

1.3 工艺流程叙述

1.4 工艺原则流程图

2 岗位操作部分

2.1 实训基本任务

2.2 岗位成员及分工

2.3 岗位开车准备

2.4 岗位操作步骤

2.5 岗位操作注意事项

3 实验数据分析及处理

3.1 原始实验数据记录表（见附件 1）

3.2 实验数据处理（创新训练报告）

3.2.1 馏分百分数计算

3.2.2 总产率 - 沸点曲线绘制

3.3 实验结果分析与讨论

4 心得体会

原油实沸点蒸馏数据记录表

实验编号：________________；大气压力 / kPa：________________；室温 /℃：________________

实验样品：__________；釜 + 样品质量 /g：__________；釜重 /g：__________；样品质量 /g：__________

馏分号	分段	馏分沸点范围/℃	每馏分总重（收集瓶 + 馏分）/g	收集瓶质量/g	馏分的量		占原油的质量分数/%	收集瓶编号	备注
					质量/g	体积/mL			
0	脱水（常压）								
1	常压（101.35kPa/760mmHg）塔I								
2									
3									
4									
5	减一（1330 Pa/10mmHg）塔I								
6									
7									
8									
9									
10									
11									
12	减二（133Pa/1mmHg）塔II								
13									
14									
15									
16	釜残压								

参考文献

[1] 马永明 . SBD-V 蒸馏仪在原油评价中的应用 [J]. 山东化工 ,2019,48(01):108-111.
[2] 侯芙生 . 中国炼油技术 [M]. 3 版 . 北京：中国石化出版社，2011.
[3] 杨兴锴，李杰 . 燃料油生产技术 [M]. 北京：化学工业出版社，2010.
[4] 张建芳 . 炼油工艺基础知识 [M]. 2 版 . 北京：中国石化出版社，2009.
[5] 徐春明，杨朝合 . 石油炼制工程 [M]. 4 版 . 北京：石油工业出版社，2009.